数林外传 系列
跟大学名师学中学数学

数学奥林匹克中的智巧

田廷彦　编著

中国科学技术大学出版社

内 容 简 介

凡是参加过数学竞赛的人,对什么印象最深呢?那一定是各种各样的技巧——辅助线、构造、抽屉原理(平均原理或分类)、染色(分类)、取模(分类)、不等式的放缩、对应、递推法、各种各样的数学归纳法技术、无穷递降、整体观念、局部观念、极端观点、运动观点、算两次……本书通过对一些新的或经典的问题解法的阐述,充分体现了这些技巧,力求带给读者数学美的享受.

本书适合理科学生、中学数学教师,特别是奥赛教练员及广大数学爱好者阅读.

图书在版编目(CIP)数据

数学奥林匹克中的智巧/田廷彦编著. —合肥:中国科学技术大学出版社,2015.2(2019.8 重印)

(数林外传系列:跟大学名师学中学数学)

ISBN 978-7-312-03608-8

Ⅰ.数… Ⅱ.田… Ⅲ.数学—竞赛题—题解 Ⅳ.O1-44

中国版本图书馆 CIP 数据核字(2014)第 311213 号

中国科学技术大学出版社出版发行

安徽省合肥市金寨路 96 号,230026

http://press.ustc.edu.cn

https://zgkxjsdxcbs.tmall.com

合肥市宏基印刷有限公司印刷

全国新华书店经销

*

开本:880 mm×1230 mm 1/32 印张:7.125 字数:160 千

2015 年 2 月第 1 版 2019 年 8 月第 2 次印刷

定价:25.00 元

前　言

为什么往往要同他人一道分享一些美好的事物呢？原因在于他人即将得到乐趣，而且当你把这种乐趣传递给他人时，你也会再次体味到它的美.

——戴维·布莱克韦尔

在两千多年的文明进程中，人类创造了多座高峰——科学的几座，文艺的几座，哲学、社科的几座……我只愿意攀登数学的那座，它应该是异常挺拔、险峻的一座（或许就是最高的一座？），尽管我只能攀爬那么一点点，只了解一部分数学竞赛，也已觉得自己不算虚度一生. 其他的高峰，如物理、哲学、佛教……我承认它们也是高峰，却只能远观了.

从当年的参赛者开始，我搞了近三十年的数学竞赛，感触颇深. 数学竞赛的题目大致有三类：一类是相对比较简单的；一类比较困难，然而是有思路的，做出来无非是个时间问题；一类是困难得没思路的（这也要分两种，一种是因为知识不到位，一种是真的夸张）. 其实，夸张的题目尽管匪夷所思、非常精彩，却未必最佳，因为可能有点人为了,是太过孤立的命题,缺乏引申意义.

在数学奥林匹克教学研究过程中,因为时间精力有限,多数题目来不及写,只记答案和简略过程,但遇到较为有趣、复杂、新颖或自己有心得体会的题,我就把答案记下来,也不一定都是难题、原创题.本书正是精选了其中的一部分,以飨读者,力求使读者有耳目一新之感.特别要提的是,其中一道"心灵感应纸牌魔术"的题目主要是 Shirley Zhao 完成的,她是一位端庄的才女,毕业于名校.我曾教过她奥数,虽然她现在的工作基本上与数学没有关系,但仍喜欢做些题以锻炼思维,这道题是她发给我的(我的解法写在另一本书中),无疑是本书中最为精彩的问题之一.

中国科学技术大学可以说是中国奥数的"发祥地"和重镇.多年来,中国科学技术大学出版社出版了很多有个性和想法的高水平奥数佳作.我就是看这些书长大的,这些著作至今依然为我所珍藏.如今,我能作为作者有幸参与其中,离不开中国科学技术大学出版社的大力支持,不胜感激之至.欢迎广大读者指正.

作 者

2014 年 12 月

目 录

前言 …………………………………………… (i)
1. 相似 ………………………………………… (1)
2. 相似形的妙用 ……………………………… (2)
3. 重新定义 …………………………………… (3)
4. "反问题" …………………………………… (5)
5. 反证法 ……………………………………… (6)
6. 垂心 1 ……………………………………… (7)
7. 垂心 2 ……………………………………… (8)
8. 垂心 3 ……………………………………… (10)
9. 面积 ………………………………………… (11)
10. 面积之妙题 ………………………………… (13)
11. 海伦公式 …………………………………… (17)
12. 余弦定理 1 ………………………………… (18)
13. 余弦定理 2 ………………………………… (20)
14. 余弦定理 3 ………………………………… (21)
15. 余弦定理 4 ………………………………… (22)
16. 三角形的重心 1 …………………………… (24)
17. 三角形的重心 2 …………………………… (26)
18. 斯图尔特定理 ……………………………… (27)
19. 函数关系 …………………………………… (28)
20. 等腰三角形的斯图尔特定理 1 …………… (30)

21. 等腰三角形的斯图尔特定理 2 ………………（31）
22. 内心 1 ……………………………………（32）
23. 内心 2 ……………………………………（34）
24. 旁心 ………………………………………（36）
25. 旁切圆 ……………………………………（38）
26. 三角形的四心 1 …………………………（42）
27. 三角形的四心 2 …………………………（44）
28. 正弦定理 1 ………………………………（47）
29. 正弦定理 2 ………………………………（49）
30. 梅涅劳斯定理 1 …………………………（51）
31. 梅涅劳斯定理 2 …………………………（52）
32. 梅涅劳斯定理 3 …………………………（53）
33. 塞瓦定理 1 ………………………………（54）
34. 塞瓦定理 2 ………………………………（56）
35. 塞瓦定理 3 ………………………………（57）
36. 等角共轭 …………………………………（59）
37. 牛顿线 ……………………………………（60）
38. 牛顿线与垂心线 …………………………（62）
39. 四边形 1 …………………………………（65）
40. 四边形 2 …………………………………（67）
41. 四点共圆 …………………………………（68）
42. 三角形的内切圆 …………………………（70）
43. 位似 ………………………………………（71）
44. 一次函数的妙用 …………………………（73）
45. 二次函数的应用 …………………………（76）
46. 几何不等式 1 ……………………………（79）

47. 几何不等式 2 ……………………………………（ 80 ）
48. 几何不等式 3 ……………………………………（ 82 ）
49. 几何作图 …………………………………………（ 83 ）
50. 圆规作图 …………………………………………（ 84 ）
51. 推广的命题不简单 ………………………………（ 86 ）
52. 整数几何题 1——凸四边形问题 ………………（ 90 ）
53. 整数几何题 2——两个等腰三角形 ……………（ 92 ）
54. 整数几何题 3——"好的"平行四边形 …………（ 96 ）
55. 整数几何题 4——三角形的面积 ………………（ 97 ）
56. 整数几何题 5——整边三角形 …………………（ 99 ）
57. 自身相交的折线 …………………………………（105）
58. 三角形的划分 1 …………………………………（106）
59. 三角形的划分 2 …………………………………（109）
60. 因式分解 …………………………………………（112）
61. 绝对值方程 ………………………………………（113）
62. 特征数 ……………………………………………（114）
63. 分子有理化 ………………………………………（115）
64. 妙用韦达定理 ……………………………………（117）
65. 一个多项式问题 …………………………………（119）
66. 一个代数不等式 …………………………………（120）
67. 局部调整 …………………………………………（122）
68. 运用冻结变量计算不等式 ………………………（123）
69. 函数思维 …………………………………………（126）
70. 恒为非负的多项式 ………………………………（128）
71. 逼近 ………………………………………………（131）
72. 函数方程 …………………………………………（132）

73. 抽屉原理	(134)
74. 整除问题 1	(136)
75. 整除问题 2	(138)
76. 整除问题 3	(139)
77. 整除问题 4	(139)
78. 最大公约数	(140)
79. 最小公倍数	(142)
80. 整根和有理根	(145)
81. 有理数的构造	(146)
82. 无理方程	(147)
83. 十进制问题	(151)
84. 数字和的重要性质	(152)
85. 一道进位制问题	(155)
86. 二重数	(157)
87. 回文数	(158)
88. 构造	(159)
89. 埃及分数	(160)
90. 小数部分	(162)
91. 非"包含关系"数列	(163)
92. 最大乘积	(164)
93. 惊人的充要条件	(168)
94. 平方和 1	(169)
95. 平方和 2	(170)
96. 平方和 3	(172)
97. 立方数	(174)
98. 立方和	(176)

99. 不定方程 …………………………………………（177）
100. 屡试不爽"瘦身法"1 ……………………………（179）
101. 屡试不爽"瘦身法"2 ……………………………（180）
102. 屡试不爽"瘦身法"3 ……………………………（181）
103. 无穷递降 1 ………………………………………（182）
104. 无穷递降 2 ………………………………………（184）
105. 取整函数的不等式 ………………………………（185）
106. 欧拉函数 …………………………………………（187）
107. 整点可见 …………………………………………（189）
108. 集合的划分 1 ……………………………………（190）
109. 集合的划分 2 ……………………………………（191）
110. 子集的交 …………………………………………（192）
111. "好组"与"坏组" ………………………………（193）
112. 乘法幻方 …………………………………………（195）
113. 连通图 ……………………………………………（196）
114. 重排问题 …………………………………………（197）
115. 考试问题 …………………………………………（199）
116. 氧气瓶 ……………………………………………（201）
117. 关于树的一个命题 ………………………………（203）
118. 纸牌游戏 …………………………………………（204）
119. 心灵感应纸牌魔术 ………………………………（206）
120. 方格网上的运动 …………………………………（210）
后记 ……………………………………………………（213）

1. 相　　似

菱形 $ABCD$ 中，$\angle A = 60°$，E 在 AD 上，CE 与 BA 延长后交于 F，BE 延长后与 FD 交于 M，求 $\angle DMB$.

解　连接 DB，如图 1.1 所示，$\triangle ADB$，$\triangle DCB$ 均为正三角形. 由平行与相似易知

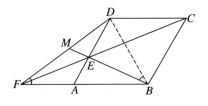

图 1.1

$$\frac{DB}{DE} = \frac{DC}{DE} = \frac{FA}{AE} = \frac{FB}{BC} = \frac{FB}{BD},$$

又 $\angle EDB = 60° = \angle DBF$，故

$$\triangle EDB \backsim \triangle DBF, \quad \angle DBM = \angle BFD,$$

故

$$\angle DMB = \angle BFD + \angle MBF = \angle DBM + \angle MBF = 60°.$$

评注　本题的"标准解法"中难免有余弦定理甚至梅氏定理出现，很麻烦，现在的这一做法是一位学生提出来的，惊人地简洁（说明这位同学的几何感觉很不错）. 此题也算是相似形的较高境界，非常巧妙.

2. 相似形的妙用

如图 2.1 所示，$\triangle ABC$ 中，AH 是高，$\angle BAC = 45°$，$BH = 2$，$CH = 3$，求 $S_{\triangle ABC}$。

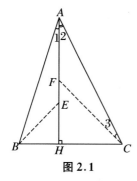

图 2.1

解 在 HA 上找 E、F（易知此两点不会在 HA 延长线上，为什么？），使

$$\angle BEH = \angle BAC = 45° = \angle CFH,$$

则

$$EH = 2, \quad FH = 3, \quad EF = 1.$$

$$\angle 1 + \angle 2 = 45° = \angle 2 + \angle 3$$
$$\Rightarrow \angle 1 = \angle 3,$$

易知 $\triangle BEA \backsim \triangle AFC$，设 $AF = x$，则

$$\frac{BE}{EA} = \frac{AF}{FC} \Rightarrow$$

$$x(x+1) = AF \cdot EA = BE \cdot FC = 2\sqrt{2} \cdot 3\sqrt{2} = 12,$$

$$x = 3, \quad AH = 6, \quad S_{\triangle ABC} = 15.$$

评注 本题极为平常，一般想到的是面积和余弦定理，但一名学生提供的上述证法让人有眼前一亮的感觉。这个方法对下题也非常有效（如果直接计算，会涉及比较复杂的方程）。

已知直角三角形 ABC 中，$\angle B = 90°$，D 是 BC 的中点，E 是 AD 的中点，$\angle BEC = 60°$，求 $\frac{AB}{BC}$。解答如下：

解 作 $EF \perp BC$，易知

$$BF = FD = \frac{DC}{2}.$$

如图 2.2 所示,作 $\angle BMF = \angle CNF = 60°$,易知
$$\triangle BME \sim \triangle ENC.$$

不妨设 $MF = 1, BF = \sqrt{3}, FC = 3\sqrt{3}, NF = 3, BM = 2, CN = 6, MN = 2$. 又设 $EN = x$,则
$$EN \cdot EM = BM \cdot CN \Rightarrow x(x+2) = 12,$$
$$(x+1)^2 = 13, \quad x = \sqrt{13} - 1,$$
故
$$EF = \sqrt{13} + 2, \quad AB = 2(\sqrt{13} + 2),$$
$$\frac{AB}{BC} = \frac{2(\sqrt{13}+2)}{4\sqrt{3}} = \frac{\sqrt{13}+2}{2\sqrt{3}} = \frac{\sqrt{39}+2\sqrt{3}}{6}.$$

注意,$\frac{\sqrt{39}+2\sqrt{3}}{6} = 1.61818\cdots$,非常接近黄金分割数 $\frac{\sqrt{5}+1}{2}$!

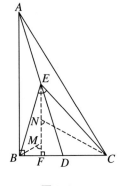

图 2.2

3. 重新定义

$\triangle ABC$ 内有一点 P,满足 $\angle ABP = \angle ACP$,M、N 分别在 AB、AC 上,且 $\angle MPB = \angle NPC$,求证 BC、MN、AP 的中点共线.

证明 过 P 分别作 AB、AC 的垂线,垂足分别是 E、F. 设 BC、MN、AP 的中点分别为 X、Y、Z.(Y、Z 在图 3.1 中未

画出.)

设 PB、PC 的中点分别为 Q、R. 易知

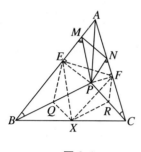

图 3.1

$$RX = \frac{1}{2}PB = EQ,$$

$$FR = \frac{1}{2}PC = QX,$$

$$\angle PQX = \angle PRX,$$

$$\angle EQP = 2\angle EBP = 2\angle FCP = \angle FRP,$$

故 $\angle EQX = \angle XRF$,得

$$\triangle EQX \cong \triangle XRF \text{(SAS)}, \quad EX = FX.$$

同理,有

$$\angle AMP = \angle ANP, \quad EY = FY.$$

又

$$EZ = \frac{1}{2}AP = FZ.$$

因此 X、Y、Z 均在 EF 的中垂线上.

评注 本题通过"重新定义"(EF)告诉我们,BC、MN、AP 的中点 X、Y、Z 都在 EF 上,这些点与 EF 直接有关,它们之间的关系被转移了,这就变为一个相对较易的命题. 很多数学难题的解答过程将一些相对较易的小结论作为"中间结果",这在几何中最为明显,如果平时练习、积累得少,不知道这些结果,可能会吃大亏. 这些小结果("暗信息")恐怕与解题者的智商关系不大. 所以,一个好的解题者应该善于猜测命题者的思路,甚至成为不错的命题者.

4. "反 问 题"

已知△ABC 中，H 是三角形内一点，AH、BH、CH 延长后分别交对边于 D、E、F，如图 4.1 所示，若 $AH \cdot HD = BH \cdot HE = CH \cdot HF$，证明 H 是三角形的垂心．垂心的其他判定如何？

证明 $AH \cdot HD = BH \cdot HE \Rightarrow \dfrac{AH}{BH} = \dfrac{HE}{HD}$，

故

$$\triangle AHE \backsim \triangle BHD,$$

故

$$\angle 1 = \angle 2,$$

同理

$$\angle 3 = \angle 4, \quad \angle 5 = \angle 6,$$

所以

$$\angle 1 = \angle 3, \quad \angle 2 = \angle 4,$$

又

$$\angle 2 + \angle 4 = 180°, \quad \angle 2 = \angle 4 = 90° = \angle 1 = \angle 3,$$

故 H 为△ABC 的垂心．

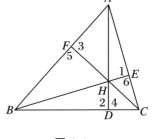

图 4.1

评注 此题不太难，不过它突出了垂心的重要性质，这类问题往往被称为"反问题"，在平面几何中较为常见．读者甚至还可编造一些关于重心、外心或内心的判定，但一般都不太容易．对于垂心而言，有 $AH \cdot HD = BH \cdot HE = CH \cdot HF$（见图 4.1），

此外还有 $BD \cdot DC = DH \cdot DA$，$AF \cdot FB = FH \cdot FC$，$AE \cdot EC = EH \cdot EB$，读者可以研究一下，在这 6 个条件中抽出 3 个，能否判定 H 是 $\triangle ABC$ 的垂心？这样的"反问题"在本质上不同的有多少个？

5. 反 证 法

已知 $\triangle ABC$ 中，$\angle B = 30°$，BC 上有一点 D，使 $AD = CD$，又在 BD 上找到中点 E，若 $\sin C = BE/EC$，求 $\angle C$ 的所有可能值．

解 由条件知，$AE \geqslant E$ 至 AC 距离 $= BE = DE$，且 $\angle BAD \leqslant 90°$，$\angle ADB \geqslant 60°$，$\angle C \geqslant 30°$．

又 $AD \geqslant D$ 至 AB 距离 $= ED$，故 $\angle EAC \leqslant 90°$，又显然 $\angle C < 90°$，作 $EK \perp AC$，K 在 AC 上（包括 A），如图 5.1 所示,有

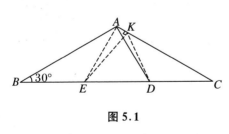

图 5.1

$$EK = ED, \quad \angle EKD = \angle EDK \geqslant \angle ADB \geqslant 60°,$$

故

$$30° \leqslant \angle C = \angle DAC \leqslant \angle DKC \leqslant 180° - 90° - 60° = 30°,$$

$\angle C = 30°$．

评注 有时一个问题的条件不够强，更确切地说是不好用，于是反证法就有望见效，它将结论的否定形式（新条件）与条件

两者结合在一起推导,最终得出矛盾.这种方法在日常思维中也应该是重要的.解某些数论题(特别是不定方程)像是警察断案,先排除后枚举.反证法中结论的否定形式更像是卧底,一开始和条件混在一块,后来就产生矛盾冲突,于是卧底恢复了自己本来的面貌和身份,最终获得胜利.

6. 垂 心 1

凸四边形 $ABCD$ 中,$\angle A = \angle C = 90°$,$AB$、$BC$、$CD$、$DA$ 的中点分别为 P、Q、R、S,延长 BA、CD 交于 M,延长 AD、BC 交于 N(图 6.1),求证:$\triangle MPR$ 与 $\triangle NQS$ 的垂心是同一点.

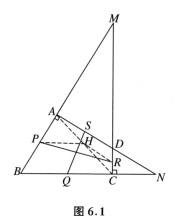

图 6.1

证明 设 AC 的中点为 H,易知 $PH \parallel BC$,故由条件可知,$PH \perp DC$.

同理,由 $HR \mathbin{\!/\mkern-5mu/\!} AD$ 知 $RH \perp AB$.

于是,H 即为 $\triangle MPR$ 的垂心.

同理,H 也是 $\triangle NQS$ 的垂心.

评注 如果出一本《史上最捉弄人的数学问题》的书,本题或许有资格被收入,注意解法中还充分运用了中位线的性质.

7. 垂　心　2

锐角 $\triangle ABC$ 中,H 是垂心,过 H 且互相垂直的两条直线在直线 BC、CA、BA 上截得的线段长度分别是 a'、b'、c',其中长为 a' 的那段完全在 BC 内,求证:$\dfrac{a}{a'} = \dfrac{b}{b'} + \dfrac{c}{c'}$. 这里 a、b、c 分别是 BC、CA、AB 的长度.

证明 我们分几步来证明这个结论.

如图 7.1 所示,先证明这样一个结论:H 是 $\triangle ABC$ 的垂心,$\angle MHN = \angle BHC$,MN 与 BC 交于 K,则 $\angle MHK = \angle ABC$,$\angle NHK = \angle ACB$.

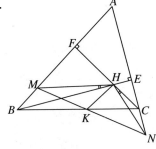

图 7.1

证明如下. 设 $\angle MHB = \angle NHC = \theta$,$\angle ABH = 90° - \angle A$,

$\angle HCN = 90° + \angle A$. 于是由正弦定理,有
$$\frac{BM}{MH} = \frac{\sin\theta}{\cos A} = \frac{CN}{NH}.$$

又由梅氏定理,有
$$\frac{AB}{BM} \cdot \frac{MK}{KN} \cdot \frac{NC}{CA} = 1,$$

用
$$\frac{BM}{CN} = \frac{MH}{NH} \quad 及 \quad \frac{MH\sin\angle MHK}{NH\sin\angle NHK} = \frac{MK}{KN}$$

代入,得
$$\frac{\sin\angle MHK}{\sin\angle NHK} = \frac{CN}{BM} \cdot \frac{MK}{KN} = \frac{CA}{AB} = \frac{\sin\angle ABC}{\sin\angle ACB}.$$

又
$$\angle MHK + \angle NHK = \angle MHN = 180° - \angle A = \angle ABC + \angle ACB < 180°,$$
由"推广的正弦定理",有
$$\angle MHK = \angle ABC, \quad \angle NHK = \angle ACB.$$

现回到原题,如图 7.2 所示,设 $PHQ \perp RHS$,$PR(=c')$、$LJ(=a')$、$QS(=b')$ 的中点分别为 M、K、N,则

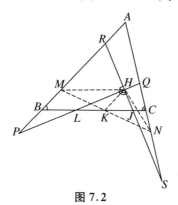

图 7.2

$$\angle MHK = \angle MHP + \angle LHK = \angle MPH + \angle HLK$$
$$= \angle MPH + \angle BLP = \angle ABC,$$

同理
$$\angle NHK = \angle ACB.$$

由前知 M、K、N 共线(同一法). 于是由面积知
$$S_{\triangle MHN} = S_{\triangle MHK} + S_{\triangle NHK},$$

而
$$MH = \frac{PR}{2} = \frac{c'}{2}, \quad HK = \frac{a'}{2}, \quad HN = \frac{b'}{2},$$

即 $b'c'\sin A = a'c'\sin B + a'b'\sin C$(此处 $\angle B = \angle ABC$,$\angle C = \angle ACB$),或 $b'c'a = a'c'b + a'b'c$,即
$$\frac{a}{a'} = \frac{b}{b'} + \frac{c}{c'}.$$

评注 学习平面几何很需要积累,基本功十分重要.在时间有限的考场上,几何往往成为极端,熟知者得心应手,生手却束手无策."推广的正弦定理"亦见第 36 节评注.

8. 垂　心　3

正方形 $ABCD$ 中,E、F 分别在 CD、BC 上(不在端点上),$\angle EAF = 45°$,作矩形 $XFCE$,则 X 关于 BD 的对称点是 $\triangle EAF$ 的垂心.

证明 设 AE、BD 交于 N,AF、BD 交于 M,如图 8.1 所示. 易知 A、B、F、N 共圆. $FN \perp AE$,同理 $ME \perp AF$,FN、ME 的交

点 H 是 △AEF 的垂心.

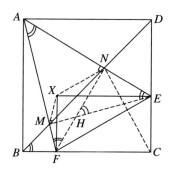

图 8.1

又易知△ANF 为等腰直角三角形及 $AN = NC$,故 $NF = NC$,故 $XN = EN = NH$,$NE = NH$ 是由于 $\angle NHE = 45° = \angle NEH$.

同理,$XM = MH$. 则
$$\triangle XMN \cong \triangle HMN(\text{SSS}),$$
若 X、H 不重合,它们即关于 BD 对称.

下面否定 H 与 X 重合,若 X 是△AEF 的垂心,则 $XF \perp AE$,即 $CD \perp AE$,$AD \parallel AE$,这不可能.

评注 $\angle EAF = 45°$ 有很多性质可以挖掘,与之有关的题目屡见不鲜.

9. 面 积

已知矩形 $ABCD$,AB、BC 上分别有点 E、F,使△DEF 是正三角形,求证:$S_{\triangle ADE} + S_{\triangle CDF} = S_{\triangle BEF}$.

证明 作 K、F 关于 CD 对称,如图 9.1 所示,$\angle 1 = \angle 2$,$DK = DE$.

$$\angle EFB = \angle DFB - 60° = 90° + \angle 1 - 60° = 30° + \angle 1,$$

$$\angle EDK = 60° + \angle 1 + \angle 2 = 60° + 2\angle 1 = 2\angle EFB.$$

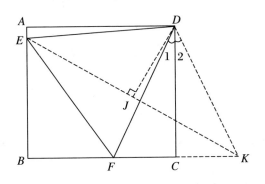

图 9.1

作 DJ 垂直平分 EK,易知

$$\triangle DJE \cong \triangle DJK \cong \triangle BFE.$$

由于 C 为 FK 的中点,则

$$S_{\triangle EDF} + S_{\triangle EDK} = 2S_{\triangle EDC}$$

$$\Rightarrow S_{\triangle EDF} + 2S_{\triangle BEF} = S_{ABCD} = S_{\triangle EDF} + S_{\triangle ADE} + S_{\triangle CDF} + S_{\triangle BEF}$$

$$\Rightarrow S_{\triangle ADE} + S_{\triangle CDF} = S_{\triangle BEF}.$$

评注 此题结论简洁、优美,要找到一个纯几何的证明方法却不那么容易. 出题人和解题者很可能先从代数或三角入手(这都不难办到,但有点烦琐),除非赛场上时间有限,寻找一个纯几何的证明方法总是有意义的.

10. 面积之妙题

设 O 是正五边形 $ABCDE$ 内部一点,O 在线段 AB、BC、CD、DE、EA 上的垂足分别为 P、Q、R、S、T,求证:$S_{\triangle OAP} + S_{\triangle OBQ} + S_{\triangle OCR} + S_{\triangle ODS} + S_{\triangle OET} = S_{\triangle OBP} + S_{\triangle OCQ} + S_{\triangle ODR} + S_{\triangle OES} + S_{\triangle OAT}$.

证明 先证明引理(字母与原题无关),设 P 是锐角三角形 ABC 内一点,P 在 BC、CA、AB 上的垂足分别为 D、E、F,如图 10.1 所示,则有

$$S_{\triangle PBD} - S_{\triangle PCD} + S_{\triangle PCE} - S_{\triangle PAE} + S_{\triangle PAF} - S_{\triangle PBF}$$
$$= \frac{1}{2}\left(PD^2(\cot B - \cot C) + PE^2(\cot C - \cot A) + PF^2(\cot A - \cot B)\right).$$

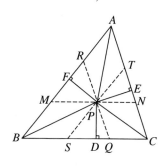

图 10.1

分别作过 P 且平行于三边的直线 $MPN \parallel BC$,$SPT \parallel AB$,

$QPR \mathbin{/\mkern-5mu/} AC$,其中 R、M 在 AB 上,S、Q 在 BC 上,N、T 在 CA 上,注意有 3 组三角形的面积(每一组都是平行四边形中被对角线分出的两个)抵消了. 于是

$$S_{\triangle PBD} - S_{\triangle PCD} + S_{\triangle PCE} - S_{\triangle PAE} + S_{\triangle PAF} - S_{\triangle PBF}$$
$$= S_{\triangle PSD} - S_{\triangle PQD} + S_{\triangle PNE} - S_{\triangle PTE} + S_{\triangle PRF} - S_{\triangle PMF}$$
$$= \frac{1}{2}\bigl(PD^2(\cot B - \cot C) + PE^2(\cot C - \cot A)$$
$$+ PF^2(\cot A - \cot B)\bigr).$$

证毕.

推论 锐角等腰三角形 $ABC(AB=AC)$ 中,顶角和底角分别为 α、β,P 是内部任一点,P 在 BC、CA、AB 上的垂足分别为 D、E、F,则有

$$S_{\triangle PBD} - S_{\triangle PCD} + S_{\triangle PCE} - S_{\triangle PAE} + S_{\triangle PAF} - S_{\triangle PBF}$$
$$= \frac{1}{2}(PE^2 - PF^2)(\cot\beta - \cot\alpha).$$

现在回到原题,延长正五边形 $ABCDE$ 的各边,设两两的交点分别为 A_1、B_1、C_1、D_1、E_1,其中 A 与 A_1 的位置相对,其余类似(于是有 $A_1B_1 \mathbin{/\mkern-5mu/} AB$,$B_1C_1 \mathbin{/\mkern-5mu/} BC$ 等). 设 O 在 A_1B_1、B_1C_1、C_1D_1、D_1E_1、E_1A_1 上的垂足分别为 P_1、Q_1、R_1、S_1、T_1,如图 10.2 所示. 于是,易知 P_1、O、P 共线,Q_1、O、Q 共线,R_1、O、R 共线,S_1、O、S 共线,T_1、O、T 共线,且 $P_1P = Q_1Q = R_1R = S_1S = T_1T(=d)$.

由勾股定理的平方差关系,有
$$(AP-PB)+(BQ-QC)+(CR-RD)+(DS-SE)+(ET-TA)=0.$$
$$\tag{1}$$

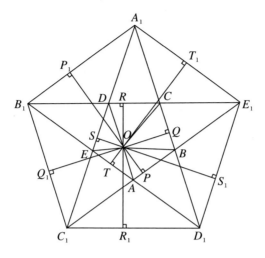

图 10.2

又由等腰梯形 ABA_1B_1,有 $A_1P_1 - B_1P_1 = BP - AP$,于是

$$S_{\triangle OA_1P_1} - S_{\triangle OB_1P_1} = \frac{1}{2}A_1P_1(d - OP) - \frac{1}{2}B_1P_1(d - OP)$$

$$= \frac{1}{2}(BP - AP)(d - OP)$$

$$= \frac{1}{2}(BP - AP)d + S_{\triangle OAP} - S_{\triangle OBP}.$$

由循环及式(1),可以得到

$$S_{\triangle OAP} - S_{\triangle OBP} + S_{\triangle OBQ} - S_{\triangle OCQ} + S_{\triangle OCR} - S_{\triangle ODR}$$
$$+ S_{\triangle ODS} - S_{\triangle OES} + S_{\triangle OET} - S_{\triangle OAT} \quad (2)$$
$$= S_{\triangle OA_1P_1} - S_{\triangle OB_1P_1} + S_{\triangle OB_1Q_1} - S_{\triangle OC_1Q_1} + S_{\triangle OC_1R_1}$$
$$- S_{\triangle OD_1R_1} + S_{\triangle OD_1S_1} - S_{\triangle OE_1S_1} + S_{\triangle OE_1T_1} - S_{\triangle OA_1T_1}.$$

由引理的推论,易知有

$$S_{\triangle OA_1P_1} - S_{\triangle OB_1P_1} = S_{\triangle OA_1Q} - S_{\triangle OD_1Q} + S_{\triangle OD_1T} - S_{\triangle OB_1T}$$
$$+ \frac{1}{2}(OT^2 - OQ^2)(\cot 72° - \cot 36°)$$
$$= S_{\triangle OCQ} - S_{\triangle OBQ} + S_{\triangle OAT} - S_{\triangle OET}$$
$$+ \frac{1}{2}(OT^2 - OQ^2)(\cot 72° - \cot 36°).$$

同理,有
$$S_{\triangle OB_1Q_1} - S_{\triangle OC_1Q_1} = S_{\triangle ODR} - S_{\triangle OCR} + S_{\triangle OBP} - S_{\triangle OAP}$$
$$+ \frac{1}{2}(OP^2 - OR^2)(\cot 72° - \cot 36°),$$
$$S_{\triangle OC_1R_1} - S_{\triangle OD_1R_1} = S_{\triangle OES} - S_{\triangle ODS} + S_{\triangle OCQ} - S_{\triangle OBQ}$$
$$+ \frac{1}{2}(OQ^2 - OS^2)(\cot 72° - \cot 36°),$$
$$S_{\triangle OD_1S_1} - S_{\triangle OE_1S_1} = S_{\triangle OAT} - S_{\triangle OET} + S_{\triangle ODR} - S_{\triangle OCR}$$
$$+ \frac{1}{2}(OR^2 - OT^2)(\cot 72° - \cot 36°),$$
$$S_{\triangle OE_1T_1} - S_{\triangle OA_1T_1} = S_{\triangle OBP} - S_{\triangle OAP} + S_{\triangle OES} - S_{\triangle ODS}$$
$$+ \frac{1}{2}(OS^2 - OP^2)(\cot 72° - \cot 36°).$$

相加,并考虑式(2),有
$$S_{\triangle OAP} - S_{\triangle OBP} + S_{\triangle OBQ} - S_{\triangle OCQ} + S_{\triangle OCR} - S_{\triangle ODR}$$
$$+ S_{\triangle ODS} - S_{\triangle OES} + S_{\triangle OET} - S_{\triangle OAT}$$
$$= S_{\triangle OA_1P_1} - S_{\triangle OB_1P_1} + S_{\triangle OB_1Q_1} - S_{\triangle OC_1Q_1} + S_{\triangle OC_1R_1} - S_{\triangle OD_1R_1}$$
$$+ S_{\triangle OD_1S_1} - S_{\triangle OE_1S_1} + S_{\triangle OE_1T_1} - S_{\triangle OA_1T_1}$$
$$= -2(S_{\triangle OAP} - S_{\triangle OBP} + S_{\triangle OBQ} - S_{\triangle OCQ} + S_{\triangle OCR} - S_{\triangle ODR}$$
$$+ S_{\triangle ODS} - S_{\triangle OES} + S_{\triangle OET} - S_{\triangle OAT}) = 0.$$

评注　这一方法甚为精妙,来自于叶中豪(老封)先生对正三角形情形的提示(即引理).但不知有无更简洁的解法.该方法也可以推广到一般的正 n 边形的情形——作者相信,这是一个很容易被人想到的命题,但却不大容易找到有关文献.

11. 海伦公式

$\triangle ABC$ 中,AD 是角平分线,$BD=4$,$DC=2$,求 $\triangle ABC$ 面积的最大值.

解　由角平分线性质,可设 $AB=4t$,$AC=2t$.

三角形不等式要求 $4t+2t>6$,$6+2t>4t$.于是得到 $1<t<3$.

由海伦公式以及算术-几何平均不等式,有

$$S_{\triangle ABC} = \sqrt{(3t+3)(3t-3)(3-t)(3+t)}$$
$$= 3\sqrt{(t^2-1)(9-t^2)}$$
$$\leqslant \frac{3}{2}(t^2-1+9-t^2) = 12,$$

当 $t^2-1=9-t^2$,即 $t=\sqrt{5}$ 时取到最大值.

评注　本题当然可以用于解决一般结论,即 BC 已知、AB/AC 已知(不等于1),求 $\triangle ABC$ 面积的最大值.

海伦公式是一个基本的、漂亮的结果.据说其实比海伦早3个世纪的阿基米德可能已得到这个公式(不过阿基米德也不会在乎,他的荣誉已经太多,更何况海伦公式在几何中的用处比起勾股定理、正弦定理等还是差了不少).在科普畅销书《天才引导的历程》中,有海伦公式的几何推导过程,十分精彩.

此外,本题也可以利用阿波罗尼斯圆加以解决.

12. 余弦定理 1

△ABC 中,∠A = 90°,D 是 BC 的中点,点 E、F 分别在 AC、AB 上,∠EDF = 120°,若 BF、FE、EC 分别为 1、3、2,求 △DEF 的面积.

解 答案是 $\frac{\sqrt{3}}{2}$.

设 DF = a,延长 ED 至 G,如图 12.1 所示,使 ED = DG = b,易知△EDC≌△GDB,故 BG = CE = 2,且 BG∥CE,故 FB ⊥ GB,$FG^2 = 5$.

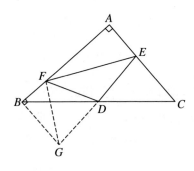

图 12.1

又∠FDG = 60°,对 △FDG 和 △EDF 分别使用余弦定

理,有
$$a^2 + b^2 - ab = 5, \quad a^2 + b^2 + ab = 9,$$
两式相减即可.

评注 平面几何最伟大的基石,据说一个是三角形内角和定理,一个是勾股定理,其实三角形面积概念也是非常伟大的.从三角形面积和勾股定理出发,人们建立了两套几何计算体系(当然它们也可互相推导):一套是建立在三角形面积之上的面积比、正弦定理、张角关系、梅涅劳斯定理、塞瓦定理、调和点列和交比,一套是建立在勾股定理基础上的平方差等式(垂直的充要条件)、余弦定理、托勒密定理(包括托勒密不等式)和斯图尔特定理(包括中线长公式、角平分线长公式、等腰三角形的斯图尔特定理).除了一些比较基本的,大量计算的任务由它们承担.几何中没有第三套计算体系.

有一个命题值得注意:设 $\triangle ABC$ 中,P 是任意一点,P 在直线 BC、CA、AB 上的垂足分别为 D、E、F,则
$$BD^2 + CE^2 + AF^2 = CD^2 + BF^2 + AE^2.$$
反之则是判断三条垂线共点,此点可以在 $\triangle ABC$ 外.容易忽略的一点是如果 A、B、C 三点重合,此判定失效,取而代之的竟然是著名的托勒密定理!

还有一点值得注意的是,托勒密定理可以与正弦定理结合,使得其中三条边"虚掉",变成三个内角的正弦,然而有意思的是,此时托勒密定理就变成了张角关系的反演.

13. 余弦定理 2

D 是边长为 1 的正 $\triangle ABC$ 的边 BC 上一点，$BD < CD$，AD 的中垂线 EF 分别交 AB、AC 于 E、F，点 G 在 BE 上，且 $CG /\!/ FE$。(1) 求证：$GE = BD$；(2) 若 $\angle BED = \angle GDB$，求 BD。

解 (1) 连接 DE、DF，如图 13.1 所示，易知 $\triangle AEF \cong \triangle DEF$，又易知

$$\angle EDB = 120° - \angle FDC = \angle DFC, \quad \angle B = \angle ACB = 60°,$$

于是 $\triangle BED \backsim \triangle CDF$，于是有

$$\frac{GE}{CF} = \frac{AE}{AF} = \frac{DE}{DF} = \frac{BD}{CF},$$

(1) 得证。

(2) 由相似易知

$$BD^2 = BG \cdot BE,$$

设 $BD = GE = x$，$BE = y$，故有

$$x^2 = (y-x)y, \quad y = \frac{1+\sqrt{5}}{2}x,$$

又 $ED = AE = 1 - y$，对 $\triangle BED$ 使用余弦定理，有 $(1-y)^2 = y^2 + x^2 - xy$，即 $y = \frac{1-x^2}{2-x}$，消去 y 得

$$(\sqrt{5}-1)x^2 - 2(\sqrt{5}+1)x + 2 = 0,$$

解得

$$BD = x = \frac{3+\sqrt{5}-\sqrt{2}-\sqrt{10}}{2}$$ （另一根大于 1，舍去）．

评注 此题略显复杂，除了余弦定理，相似也起到了重要作用．因此，要给题目归类往往是难事，尤其是综合题，几乎没有只突出一个知识点的．

14．余弦定理 3

已知 $\triangle ABC$，三边分别为 a、b、c，分别延长 BA、AC、CB 至 A'、C'、B'，如图 14.1 所示，使 $AA' = a$，$BB' = b$，$CC' = c$，若 $\triangle A'B'C'$ 是正三角形，求证：$\triangle ABC$ 也是正三角形．

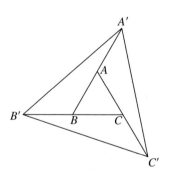

图 14.1

证明 设 $\triangle ABC$ 的三个内角为 $\angle A$、$\angle B$、$\angle C$．由余弦定理，有

$$B'C'^2 = (a+b)^2 + c^2 + 2(a+b)c\cos C$$
$$= (a+b+c)^2 - 2(a+b)c(1-\cos C),$$

同理
$$A'C'^2 = (a+b+c)^2 - 2(b+c)a(1-\cos A),$$
于是
$$c(a+b)(1-\cos C) = a(b+c)(1-\cos A),$$
而若 $c \neq a$,不妨设 $c > a$,由于显然有
$$1 - \cos C > 1 - \cos A > 0,$$
即
$$c(a+b) = ac + bc > ac + ab = a(b+c),$$
$$c(a+b)(1-\cos C) > a(b+c)(1-\cos A),$$
矛盾.

因此,只能有 $a = c$. 同理,$b = a$,证毕.

评注 本题有较为巧妙的几何解法,但用余弦定理更为快捷.

15. 余弦定理 4

不等边锐角 $\triangle ABC$ 中,AD 是高,D 在 AB、AC 上的垂足分别是 E、F,如图 15.1 所示,若 $AE + BD + CF = AF + CD + BE$,则
$$\cos A = \frac{b+c}{a+b+c}, \quad \text{及} \quad \cos A = \cos B + \cos C.$$
此处 a、b、c 分别为 BC、CA、AB 之长.

15. 余弦定理 4

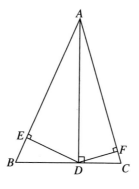

图 15.1

证明 设 $AD = h$.

由垂直及射影定理知

$$0 = AE - EB + BD - DC + CF - FA$$

$$= \frac{h^2}{c} - \left(c - \frac{h^2}{c}\right) + \frac{BD^2 - DC^2}{a} + b - \frac{h^2}{b} - \frac{h^2}{b}$$

$$= \frac{2h^2}{c} - \frac{2h^2}{b} + b - c + \frac{c^2 - b^2}{a},$$

由于 $b \neq c$,故

$$\frac{b+c}{a} = \frac{2h^2}{bc} + 1, \quad 即 \quad \frac{b+c-a}{a} = \frac{2h^2}{bc}.$$

由于 $ah = 2S_{\triangle ABC} = bc\sin A$,故 $\dfrac{b+c-a}{a} = \dfrac{2bc\sin^2 A}{a^2}$,即

$$b + c - a = \frac{2bc(1 - \cos A)(1 + \cos A)}{a}$$

$$= \frac{1 - \cos A}{a}(2bc + b^2 + c^2 - a^2)$$

$$= \frac{1 - \cos A}{a}(b + c - a)(a + b + c),$$

于是

$$1 - \cos A = \frac{a}{a+b+c}, \quad 即 \quad \cos A = \frac{b+c}{a+b+c}.$$

又由"射影定理",有

$$a\cos B + b\cos A = c,$$
$$a\cos C + c\cos A = b,$$

两式相加,得

$$a(\cos B + \cos C) = (b+c)(1 - \cos A) = \frac{a(b+c)}{a+b+c},$$

故

$$\cos B + \cos C = \frac{b+c}{a+b+c} = \cos A.$$

评注 本题考查的范围较宽,对余弦定理、"射影定理"(不同于教材里常说的那个)等运用要求甚高,也是夹杂着计算和证明的综合好题.顺便说一下,满足 $\cos A = \cos B + \cos C$ 的三角形有很多性质.

16. 三角形的重心 1

$\triangle ABC$ 中,$BC = a$,$CA = b$,$AB = c$,K 是任一点,如图 16.1 所示,求证:

$$KA^2 + KB^2 + KC^2 \geqslant \frac{1}{3}(a^2 + b^2 + c^2),$$

当且仅当 K 是 $\triangle ABC$ 的重心时,等号成立.

16. 三角形的重心 1

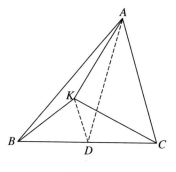

图 16.1

证明 设 D 是 BC 的中点,则由中线长公式,有

$$KA^2 + KB^2 + KC^2 = KA^2 + 2KD^2 + \frac{1}{2}BC^2$$

$$= \frac{2}{3}(KA+KD)^2 + \frac{1}{3}(KA-2KD)^2 + \frac{1}{2}a^2$$

$$\geqslant \frac{2}{3}(KA+KD)^2 + \frac{1}{2}a^2 \geqslant \frac{2}{3}AD^2 + \frac{1}{2}a^2$$

$$= \frac{2}{3}\left(\frac{b^2+c^2}{2} - \frac{a^2}{4}\right) + \frac{1}{2}a^2$$

$$= \frac{1}{3}(a^2 + b^2 + c^2).$$

不难看出,当且仅当 K 是 $\triangle ABC$ 的重心时,几个等号同时成立.

证毕.

评注 尽管本题运用解析几何最为简单,但此处利用中线长公式加以代数变换,却是最漂亮和干脆的.注意本题的配方技巧其实与柯西不等式有关.

17. 三角形的重心 2

△ABC 中,向外作△AZB、△BXC、△CYA 顺向相似,则△XYZ 的重心与△ABC 的重心重合.

证明 由重心的性质知,若两三角形△$A_1B_1C_1$ 和 △$A_2B_2C_2$ 满足 A_1 与 A_2 重合,B_1C_1 与 B_2C_2 互相平分,则△$A_1B_1C_1$ 与△$A_2B_2C_2$ 的重心即重合.

如图 17.1 所示,作□AZBK,则

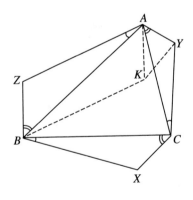

图 17.1

$$△ABK \backsim △ACY \Rightarrow △ABC \backsim △AKY.$$

于是

$$\frac{KY}{AY} = \frac{BC}{AC} = \frac{XC}{AY}, \quad KY = XC.$$

又

$$\angle KYC + \angle XCY = \angle AYC - \angle AYK + \angle ACB + \angle ACY + \angle XCB$$
$$= \angle BXC + \angle XBC + \angle XCB = 180°,$$

于是 $KY /\!/ CX$.

$KY \underline{\underline{\quad}} CX$，$XY$、$CK$ 互相平分，又 KZ、AB 互相平分. 于是，$\triangle XYZ$ 的重心即 $\triangle ZKC$ 的重心，也即 $\triangle ABC$ 的重心.

评注 本题很容易让人想到复数方法，至于纯几何方法也很简洁，要对顺（正）相似有较好的理解和运用（复数方法处理顺相似较为便利）.

18．斯图尔特定理

$\triangle ABC$ 中，$AB = 3$，$AC = 4$，$BC = 5$，D 是 BC 上一点，若 $\triangle ABD$、$\triangle ACD$ 的内心连线与 AD 垂直，求 AD.

解 设内心连线与 AD 交于 K，如图 18.1 所示，K 是两内切圆与 AD 相切的切点，易知

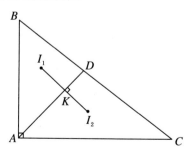

图 18.1

$$AK = \frac{AB + AD - BD}{2} = \frac{AC + AD - CD}{2},$$

于是有 $CD - BD = 1$,而 $CD + BD = 5$,于是 $CD = 3, BD = 2$.

由斯图尔特定理,有

$$AD^2 = \frac{AB^2 \cdot CD + AC^2 \cdot BD}{BC} - BD \cdot CD,$$

解得 $AD = \sqrt{\frac{29}{5}}$.

评注 正弦定理、余弦定理和托勒密定理、斯图尔特定理引入几何的意义,在于它们开始真正把计算带入了几何(解析几何、向量和复数是更为代数化的计算).按照纯几何观点,线段、角度之间的关系只允许相等、大于、小于,最多是两倍关系,否则就有计算的嫌疑,而纯几何是比较排斥计算的(这倒不仅仅是因为计算可能破坏了几何的优美性,也因为计算可能会带来古希腊人头疼的无理数乃至负数问题),但是正弦定理不去"理会"这一切,它是把两条线段(三角形的两边)的任何比例都考虑进去,这样一来就开创了"解三角形"这一分支,这对于天文、测绘、航海、地质等领域具有很大的意义,反过来对几何也是重要的,余弦定理的作用亦是如此,而且它其实还使数学家不得不承认负数.托勒密定理、斯图尔特定理则是余弦定理的推论.

19. 函 数 关 系

已知锐角 $\triangle ABC$ 中,$BC = a$,$CA = b$,$AB = c$,D 是 BC 上

19. 函数关系

一动点，B、C 到 AD 的距离分别为 x、y，如图 19.1 所示，求 x、y 的函数关系（可用 a、b、c 表示）．

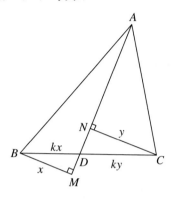

图 19.1

解 设 $AD = l$，$BD = kx$，$CD = ky$，$k = \dfrac{a}{x+y}$，$S_{\triangle ABC} = S$．易知 $l(x+y) = 2S$．

由斯图尔特定理，有

$$l^2 = \dfrac{c^2 ky + b^2 kx}{k(x+y)} - k^2 xy = \dfrac{4S^2}{(x+y)^2},$$

即

$$\dfrac{c^2 y + b^2 x}{x+y} - \dfrac{a^2 xy}{(x+y)^2} = \dfrac{4S^2}{(x+y)^2},$$

或

$$(x+y)(b^2 x + c^2 y) - a^2 xy = 4S^2,$$

或

$$b^2 x^2 + c^2 y^2 + (b^2 + c^2 - a^2)xy = 4S^2.$$

评注 S 可以用海伦公式表示出来．有趣的是，如进一步使用余弦定理,则有$(bx)^2+(cy)^2+2bx\cdot cy\cos A=4S^2$,看上去也很像余弦定理.

20. 等腰三角形的斯图尔特定理 1

锐角 $\triangle ABC$ 的边 BC、CA、AB 上分别有点 D、E、F,使 $\angle A=\angle EDF$,$\angle B=\angle DEF$,$\angle C=\angle DFE$,求证:$EF^2-BD\cdot DC=FD^2-AE\cdot EC=DE^2-AF\cdot FB$.

证明 设 $\triangle DEF$ 的垂心为 H,如图 20.1 所示,易知
$$\angle FHE=180°-\angle FDE=\angle FAE,$$
即 A、F、H、E 共圆.

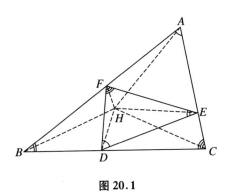

图 20.1

同理 B、F、H、D 共圆.

于是
$$\angle FAH=\angle FEH=\angle FDH=\angle FBH,$$
于是 $HA=HB$,同理 $HA=HC$,H 是 $\triangle ABC$ 的外心.

设 $HA = HB = HC = R$，由等腰三角形的斯图尔特定理，有
$$AF \cdot FB = R^2 - FH^2, \quad AE \cdot EC = R^2 - EH^2,$$
于是有
$$AF \cdot FB - AE \cdot EC = EH^2 - FH^2,$$
由于 $DH \perp EF$，得
$$EH^2 - FH^2 = DE^2 - FD^2,$$
故
$$AF \cdot FB - AE \cdot EC = DE^2 - FD^2,$$
即
$$DE^2 - AF \cdot FB = FD^2 - AE \cdot EC,$$
同理
$$EF^2 - BD \cdot DC = FD^2 - AE \cdot EC.$$

评注 无疑，本题建立在一些结论的基础之上（等腰三角形的斯图尔特定理甚至比一般斯图尔特定理的用途广泛许多），学习平面几何特别需要积累，很多难题都是由简单结论堆砌而成的，不像某些组合问题是"啊哈，灵机一动"的结果．

21. 等腰三角形的斯图尔特定理 2

$\triangle ABC$ 中，$\angle A = 90°$，AD 是高，E 是 AD 上一点，M、N 分别在 BE、CE 上，$AB = NB$，$AC = MC$，NB、MC 交于 K，求证：$KM = KN$．

证明 如图 21.1 所示，延长 BE 至 Q，延长 CE 至 P，使 BP

$= BA = BN, CQ = CA = CM.$

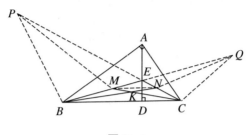

图 21.1

于是有

$$PE \cdot EN = BN^2 - BE^2 = AB^2 - BE^2 = AC^2 - CE^2$$
$$= MC^2 - CE^2 = QE \cdot EM,$$

故 P、M、N、Q 共圆.

又

$$BN^2 = BA^2 = BC^2 - AC^2 = BC^2 - MC^2 = BM \cdot BQ,$$

同理,$CM^2 = CN \cdot CP$,于是有

$$\angle MNB = \angle MQN = \angle NPM = \angle NMC,$$

故 $KM = KN$.

评注 本题再次见证了等腰三角形的斯图尔特定理之巨大效用.在本题所属的 IMO 试题中,作者发现,有相当多的问题都可使用等腰三角形的斯图尔特定理以快速、巧妙地解决.

22. 内 心 1

△ABC 中,BE、CF 为角平分线,内心 I 关于 BC 的对称点

为 J，由 J 向 BE、CF 作垂线，分别交 BC 于 M、N，求证：$\angle EMC = \angle FNB$.

证明 延长 JM 交 AB 于 S，延长 JN 交 AC 于 T. 如图 22.1 所示连好诸线段.

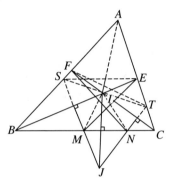

图 22.1

由对称性，易知

$$\angle ASI = \angle IMN = \angle JMN = \angle SMB = 90° - \frac{1}{2}\angle ABC$$

$$= 180° - \left(90° + \frac{1}{2}\angle ABC\right)$$

$$= 180° - \angle AIC = \angle AIF,$$

故 $AI^2 = AF \cdot AS$，同理 $AI^2 = AE \cdot AT$，于是

$$AF \cdot AS = AE \cdot AT, \quad \triangle AFT \backsim \triangle AES.$$

于是又由对称性，有

$$\angle EMC = \angle ESA = \angle FTA = \angle FNB.$$

评注 一位学生高手提出此题的纯几何解法，估计就是这样做的.

23. 内　心　2

如图 23.1 所示，$\triangle ABC$ 中，BE、CF 是角平分线，E 在 AB、BC 上的垂足分别为 M、N，F 在 AC、BC 上的垂足分别为 S、T，I 是 $\triangle ABC$ 的内心，I 关于 BC 的对称点是 K，MN、ST 交于 J，求证：A、J、K 三点共线.

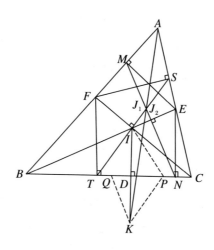

图 23.1

证明　设 $\angle A = \angle BAC$，$BC = a$，$S_{\triangle ABC} = S$，余类推；p 是半周长，r 是内切圆半径.

设 ST 交 AK 于 J_1，MN 交 AK 于 J_2，欲证 J_1 即为 J_2，只需证 $\dfrac{AJ_1}{J_1 K} = \dfrac{AJ_2}{J_2 K}$，或由面积，即证 $\dfrac{S_{\triangle AST}}{S_{\triangle KST}} = \dfrac{S_{\triangle AMN}}{S_{\triangle KMN}}$，或 $\dfrac{S_{\triangle AST}}{S_{\triangle AMN}} = \dfrac{S_{\triangle KST}}{S_{\triangle KMN}}$.

由于
$$\frac{S_{\triangle AST}}{S_{\triangle AMN}} = \frac{AS \cdot CT \cdot \sin C}{AM \cdot BN \cdot \sin B} = \frac{FS}{EM} \cdot \frac{SC}{BM} \cdot \frac{\sin C}{\sin B},$$

作 $KP \parallel ST, KQ \parallel MN$,则
$$\frac{S_{\triangle KST}}{S_{\triangle KMN}} = \frac{S_{\triangle PST}}{S_{\triangle QMN}} = \frac{PT \cdot SC \cdot \sin C}{QN \cdot BM \cdot \sin B},$$

故只需要证 $\dfrac{PT}{QN} = \dfrac{FS}{EM}$.

易知
$$FS = FT = \frac{2S_{\triangle ABC}}{AC + BC} = \frac{2S}{a+b}, \quad EM = \frac{2S}{a+c},$$

故只需证 $\dfrac{PT}{QN} = \dfrac{a+c}{a+b}$. 设 IK 与 BC 交于 D.

易知 $PK \perp CF$,且
$$\angle PID = \angle PKD = \frac{\angle ACB}{2}, \quad DP = \frac{ID^2}{DC} = \frac{r^2}{p-c} = \frac{(p-a)(p-b)}{p},$$

又易知 $\dfrac{TD}{DC} = \dfrac{FI}{IC} = \dfrac{c}{a+b}$,故 $TD = \dfrac{c(p-c)}{a+b}$,于是
$$TP = TD + DP = \frac{(p-a)(p-b)}{p} + \frac{c(p-c)}{a+b},$$

同理
$$QN = \frac{(p-a)(p-c)}{p} + \frac{b(p-b)}{a+c},$$

这样一来就等于欲证明恒等式
$$\frac{\dfrac{(p-a)(p-b)}{p} + \dfrac{c(p-c)}{a+b}}{\dfrac{(p-a)(p-c)}{p} + \dfrac{b(p-b)}{a+c}} = \frac{a+c}{a+b},$$

或
$$(p-a)(p-b)(a+b) + pc(p-c)$$
$$= (p-a)(p-c)(a+c) + pb(p-b),$$
由于
$$(p-a)(p-b)(a+b) - (p-a)(p-c)(a+c)$$
$$= (p-a)(pa - ba + pb - b^2 - pa + ca - pc + c^2)$$
$$= (p-a)(ca - ba + pb - pc - b^2 + c^2)$$
$$= p(p-a)(c-b),$$
而
$$pb(p-b) - pc(p-c) = p(pb - pc + c^2 - b^2)$$
$$= p(p-a)(c-b),$$
命题得证.

评注 此题较为困难,结论也十分精彩,一开始用面积是个好想法,如果运用前一题的结论,本题的后半部分计算将得到较大简化.读者可考虑其中原因.

24. 旁　　心

已知 $\triangle ABC$ 中,$AB \neq AC$,I_A 是 BC 边上的旁心,$\odot I_A$ 切 BC 于 T,AI_A 交 BC 于 D,P 是 AI_A 的中点,则 $\triangle ADT$ 外心、$\triangle ABC$ 外心和 P 共线.

证明 不妨设 $AB > AC$,如图 24.1 所示(P 未画出),设 AI_A 交 $\triangle ABC$ 外接圆于 K,KT 延长后,交 $\overparen{AB}$ 于 J.

24. 旁　心

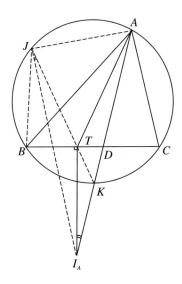

图 24.1

由 $\overparen{BK} = \overparen{CK}$，易知

$$\angle BJK = \frac{1}{2}\angle BAC,$$

$$\angle AJK = \angle AJB - \angle BJK = \angle ABC + \frac{1}{2}\angle BAC = \angle ADC,$$

故 A、J、T、D 共圆，于是 $\triangle ADT$、$\triangle ABC$ 的外心连线垂直平分 AJ，问题变为证明 $\angle AJI_A = 90°$。

易知 $I_A K = KC$，$KC^2 = KT \cdot KJ$，得

$$\angle I_A JK = \angle TI_A K = 90° - \angle TDK = 90° - \angle ADC$$
$$= 90° - \angle AJK,$$

故 $\angle AJI_A = 90°$。

评注　两圆的公共弦极有用(远远超过连心线)。旁心虽然"出镜率"不是很高，实际上有很多性质可以挖掘。

25. 旁 切 圆

△ABC 的边 BC、CA、AB 上,分别与对应的旁切圆相切于 D、E、F,求证:$\angle EDF = 135° \Leftrightarrow \angle A = 90°$.

证明 先证明 $\angle A = 90° \Rightarrow \angle EDF = 135°$.

如图 25.1 所示,设 BM、CN 是角平分线. 设 $AB = c$,$BC = a$,$CA = b$. 易知

$$BD = p - c, \quad BF = p - a, \quad p = \frac{1}{2}(a + b + c).$$

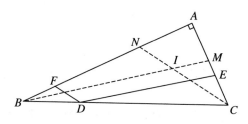

图 25.1

由于

$$\frac{BF}{BD} = \frac{BN}{BC} \Leftrightarrow \frac{p-a}{p-c} = \frac{c}{a+b} \Leftrightarrow \frac{b+c-a}{a+b-c} = \frac{c}{a+b}$$

$$\Leftrightarrow (a+b)c + b^2 - a^2 = (a+b)c - c^2$$

$$\Leftrightarrow a^2 = b^2 + c^2 \Leftrightarrow \angle A = 90°.$$

故 $DF \mathbin{/\mkern-5mu/} CN$,同理 $DE \mathbin{/\mkern-5mu/} BM$,故

$$\angle EDF = \angle BIC = 135°.$$

再来证明 $\angle EDF = 135° \Rightarrow \angle A = 90°$.

沿用前面的想法和图试一试.

用反证法.

$$\frac{BF}{BD} < \frac{BN}{BC} \Leftrightarrow \frac{b+c-a}{a+b-c} < \frac{c}{a+b} \Leftrightarrow b^2 + c^2 < a^2$$

$$\Leftrightarrow \angle A > 90° \Leftrightarrow \frac{CE}{CD} < \frac{CM}{CB},$$

这意味着若 $\angle A > 90°$,则 FD、NC 延长会相交,ED、MB 延长也会相交,也就意味着

$$\angle FDB < \angle NCB = \frac{1}{2}\angle ACB,$$

$$\angle EDC < \angle MBC = \frac{1}{2}\angle ABC,$$

故 $\angle EDF > 90° + \frac{1}{2}\angle A > 135°$,矛盾.

同理,若 $\angle A < 90°$,则 $\angle EDF < 90° + \frac{1}{2}\angle A < 135°$,矛盾. 因此,只能有 $\angle A = 90°$.

评注 明眼人一看就知,解本题着实是需要一些运气,在数学中也普遍存在"大胆猜测,小心求证"的法则. 读者或许会问,要是想不到咋办呢？下面就用计算的方法来证明 $\angle EDF = 135° \Leftrightarrow \angle A = 90°$,这需要一些基本功,但比较保险.

设 $\angle FDB = \alpha$,$\angle EDC = \beta$,则

$$\angle EDF = 135° \Leftrightarrow 1 = \frac{\tan\alpha + \tan\beta}{1 - \tan\alpha\tan\beta}$$

$$\Leftrightarrow (1+\tan\alpha)(1+\tan\beta) = 2.$$

易知

$$\tan\alpha = \frac{(p-a)\sin B}{(p-c)-(p-a)\cos B},$$

$$\tan\beta = \frac{(p-a)\sin C}{(p-b)-(p-a)\cos C},$$

代入得

$$((p-c)+(p-a)(\sin B-\cos B))((p-b)+(p-a)(\sin C-\cos C))$$
$$=2((p-c)-(p-a)\cos B)((p-b)-(p-a)\cos C).$$

展开,得

$$(p-b)(p-c)+(p-a)(p-b)(\sin B-\cos B)+(p-a)(p-c)$$
$$\cdot(\sin C-\cos C)$$
$$=2(p-b)(p-c)-2(p-a)(p-b)\cos B-2(p-a)$$
$$\cdot(p-c)\cos C+2(p-a)^2\cos B\cos C-(p-a)^2$$
$$\cdot(\sin B-\cos B)(\sin C-\cos C),$$

即

$$(p-a)(p-b)(\sin B+\cos B)+(p-a)(p-c)(\sin C+\cos C)$$
$$=(p-b)(p-c)+(p-a)^2(2\cos B\cos C-\sin B\sin C$$
$$-\cos B\cos C+\sin B\cos C+\sin C\cos B)$$
$$=(p-b)(p-c)+(p-a)^2(\cos(B+C)+\sin(B+C))$$
$$=(p-b)(p-c)+(p-a)^2(\sin A-\cos A).$$

于是

$$(p-a)((p-b)\sin B+(p-c)\sin C-(p-a)\sin A)+(p-a)$$
$$\cdot(c\cos B-(p-a)\cos B+b\cos C-(p-a)\cos C+(p-a)\cos A)$$
$$=(p-b)(p-c)$$

$$\Leftrightarrow \frac{p-a}{2R}(b(p-b)+c(p-c)-a(p-a))+a(p-a)$$
$$-(p-a)^2(\cos B+\cos C-\cos A)=(p-b)(p-c).$$

25. 旁 切 圆

易知

$$\frac{p-a}{2R}(b(p-b)+c(p-c)-a(p-a))$$
$$=\frac{(p-a)(p-b)(p-c)}{R}=4r\frac{p(p-a)(p-b)(p-c)}{abc}.$$

这是因为 $S_{\triangle ABC}=\dfrac{abc}{4R}=pr$,而用余弦定理可算得

$$\cos B+\cos C-\cos A=\frac{4p(p-b)(p-c)}{abc}-1.$$

这里 R、r 分别是 $\triangle ABC$ 外接圆、内切圆半径. 代入,得

$$(p-a)^2\left(\frac{4p(p-b)(p-c)}{abc}-1\right)-4r\frac{p(p-a)(p-b)(p-c)}{abc}$$
$$=a(p-a)-(p-b)(p-c),$$

移项合并,得

$$\frac{4p(p-a)(p-b)(p-c)}{abc}(p-a-r)=p(p-a)-(p-b)(p-c),$$

即

$$\frac{4S_{\triangle ABC}^2}{abc}(p-a-r)=\frac{b^2+c^2-a^2}{2},$$

或

$$\frac{bc\sin^2 A}{a}(p-a-r)=bc\cos A$$
$$\Rightarrow (p-a)\left(1-\tan\frac{A}{2}\right)\sin^2 A=a\cos A,$$

注意做到这一步就十分踏实,接下去就完全是代数了.

若 $\angle A\ne 90°$,设 $0<t=\tan\dfrac{A}{2}\ne 1$,$\cos A=\dfrac{1-t^2}{1+t^2}$,$\sin A=\dfrac{2t}{1+t^2}$,则

$$\frac{(1+t)(1+t^2)}{4t^2} = \frac{p-a}{a} = \frac{b+c-a}{2a} = \frac{\sin B + \sin C}{2\sin A} - \frac{1}{2}$$

$$= \frac{\sin\frac{B+C}{2}\cos\frac{B-C}{2}}{\sin A} - \frac{1}{2} \leqslant \frac{\cos\frac{A}{2}}{\sin A} - \frac{1}{2}$$

$$= \frac{1}{2}\csc\frac{A}{2} - \frac{1}{2} = \frac{1}{2}\left(\sqrt{1+\frac{1}{t^2}} - 1\right),$$

此即

$$(1+t)(1+t^2) + 2t^2 \leqslant 2t\sqrt{1+t^2}$$

$$\Leftrightarrow t^3 + 3t^2 + t + 1 \leqslant 2t\sqrt{1+t^2} < 2t(1+t)$$

$$\Rightarrow 2t \leqslant t^2 + 1 < t^3 + t^2 + 1 < t,$$

矛盾!

因此,$\angle A = 90°$.

评注 纯几何固难,几何中的代数(三角)计算也不见得简单.那天作者构思出计算路径后,一大清早起来,经过两个多小时推导才大功告成.当然,对于本书其他不少复杂问题,作者也有类似感受.数学有一种特别的美,精致而隐秘,值得花一生的时间去思考.

26. 三角形的四心 1

在 △ABC 两边 AB、AC 上截取 BD = CE,则 △ABC 和 △ADE 的外心、内心、重心、垂心的连线均彼此平行.

证明 显然两内心在 ∠BAC 的平分线上,此题即要证明重心连线、垂心连线和外心连线均与$\angle BAC$（简记为$\angle A$）平分线平行.（为方便起见,不妨假定$\angle A < 90°$.）

设$\triangle ABC$、$\triangle ADE$ 的重心分别为G_1、G_2,同理定义垂心H_1、H_2,外心O_1、O_2.

设DE、BC 的中点分别是M、N,一个常见结论（用中位线性质）是 $MN \parallel \angle A$ 平分线,故 $G_1G_2 \parallel \angle A$ 平分线$\left(\text{这是因为 }G_1、G_2 \text{ 分别在 }AN、AM \text{ 上},\text{且 }\dfrac{AG_1}{G_1N}=2=\dfrac{AG_2}{G_2M}\right)$.

在处理垂心和外心（其实由欧拉线性质,只要做一个即可,但我们在解题时注意一个原则:尽量不用较高级的结果）之前,先注意一个简单的事实:凸四边形 $ABCD$ 中, $\angle A = \angle C$,则 $\angle B$、$\angle D$ 的平分线平行.

今作 BB_1 及 $DD_1 \perp AC$, CC_1 及 $EE_1 \perp AB$,由条件易知 $E_1C_1 = D_1B_1 = H_2$ 至 H_1C_1 及 H_1B_1 的距离,于是 H_1H_2 平分 $\angle C_1H_1B_1$,于是 $H_1H_2 \parallel \angle A$ 的平分线.

又设 AD、AB 中点分别为 M_2、M_1,则 $O_1M_1 \perp AB$, $O_2M_2 \perp AB$; AE、AC 中点分别为 N_2、N_1,则 $O_1N_1 \perp AC$, $O_2N_2 \perp AC$. 易知 $M_1M_2 = \dfrac{1}{2}BD = \dfrac{1}{2}CE = N_1N_2$,故同理有 O_1O_2 平分 $\angle M_1O_1N_1$, $O_1O_2 \parallel \angle A$ 的平分线.

对于外心还有另外一种处理办法.

设$\triangle ADE$、$\triangle ABC$ 外接圆还交于一点K（K 与A 重合时表明两圆相切,此时不难处理）. 易知$\triangle KBD \cong \triangle KCE$（AAS）,故$KB = KC$, $KD = KE$, AK 为$\angle BAC$ 的外角平分线,于是$\angle BAC$ 的平分线和O_1O_2 均与AK 垂直.

评注 $\triangle KBD \cong \triangle KCE$ 是一个颇有用的结论,论证细节

留给读者. 此题很巧, 还有另外几个三角形的巧合点也具有这一性质.

27. 三角形的四心 2

设非钝角三角形 ABC 内有一动点 P, 到三边距离之和记为 $D(P)$, 比较 $D(O)$、$D(G)$、$D(I)$、$D(H)$ 的大小, 其中 O、G、I、H 分别为外心、重心、内心、垂心.

解 设 $BC=a$, $CA=b$, $AB=c$, R、r 分别是 $\triangle ABC$ 的外接圆、内切圆半径, h_a、h_b、h_c 是对应高.

接下来, 先复习一些常见结论.

结论 1 $\cos^2 A + \cos^2 B + \cos^2 C + 2\cos A \cos B \cos C = 1$.

结论 2 $\dfrac{r}{R} = \cos A + \cos B + \cos C - 1$.

结论 3 $D(O) = R(\cos A + \cos B + \cos C)$, $AH + BH + CH = 2R(\cos A + \cos B + \cos C)$.

结论 4 $D(H) = 2R(\cos A \cos B + \cos B \cos C + \cos C \cos A)$.

结论 5 G 在线段 OH 上, 且 $HG = 2GO$. 三心所在直线称为欧拉线 (若 $\triangle ABC$ 非正三角形).

结论 6 (Erdös-Mordell 不等式) 三角形内一点到三顶点距离之和, 不小于它到三边距离之和的 2 倍, 当且仅当该三角形是正三角形且该点是其中心时等号成立.

现在进入证明.

先证明 $D(O) \geqslant D(H)$，由结论 6 即 Erdös-Mordell 不等式，有

$$D(O) = R(\cos A + \cos B + \cos C) = \frac{1}{2}(AH + BH + CH) \geqslant D(H).$$

当然，这个结论也可以不用 Erdös-Mordell 不等式而直接证明。

又由结论 5 知，$D(G) = \frac{2}{3}D(O) + \frac{1}{3}D(H)$，不难证明 $D(O) \geqslant D(G) \geqslant D(H)$。

再证明 $D(G) \geqslant D(I)$。

易知 $D(G) = \frac{1}{3}(h_a + h_b + h_c)$，$\frac{1}{h_a} + \frac{1}{h_b} + \frac{1}{h_c} = \frac{1}{r}$，于是

$$\frac{D(G)}{r} = \frac{1}{3}(h_a + h_b + h_c)\left(\frac{1}{h_a} + \frac{1}{h_b} + \frac{1}{h_c}\right) \geqslant 3,$$

$D(G) \geqslant 3r = D(I)$。

最后，证明 $D(I) \geqslant D(H)$，易知这个结论即证明

$$2R(\cos A \cos B + \cos B \cos C + \cos C \cos A) \leqslant 3r,$$

即

$$\cos A \cos B + \cos B \cos C + \cos C \cos A$$
$$\leqslant \frac{3}{2}(\cos A + \cos B + \cos C - 1).$$

由结论 1，我们可以把这个不等式转化为代数的条件不等式。

已知非负实数 u、v、w 满足 $u^2 + v^2 + w^2 + 2uvw = 1$，则

$$uv + vw + wu \leqslant \frac{3}{2}(u + v + w - 1).$$

易知 $0 \leqslant u, v, w \leqslant 1$，不妨设 $\angle C$ 是最小内角，则 $w = \cos C \geqslant \frac{1}{2}$。

设 $u + v = k$，由 $u^2 + v^2 + w^2 + 2uvw = 1$，$(u + v)^2 + w^2 - 2uv + 2uvw = 1$，即

$$k^2 + w^2 - 1 = 2(1-w)uv \leqslant \frac{1}{2}(1-w)k^2 \Rightarrow k^2 \leqslant 2(1-w),$$
且
$$uv = \frac{k^2 + w^2 - 1}{2(1-w)}.$$

欲证不等式 $uv + vw + wu \leqslant \frac{3}{2}(u + v + w - 1)$, 即
$\frac{k^2 + w^2 - 1}{2(1-w)} + wk \leqslant \frac{3}{2}(k + w - 1)$. 这个式子等价于
$$k^2 + w^2 - 1 + 2w(1-w)k \leqslant 3(1-w)(k + w - 1)$$
$$\Leftrightarrow k^2 - (2w^2 - 5w + 3)k + 4w^2 - 6w + 2 \leqslant 0$$
$$\Leftrightarrow k^2 - (w-1)(2w-3)k + 2(w-1)(2w-1) \leqslant 0.$$
记
$$f(k) = k^2 - (w-1)(2w-3)k + 2(w-1)(2w-1),$$
$0 \leqslant k \leqslant \sqrt{2(1-w)}.$

由二次函数的基本性质,我们知道
$$f(k) \leqslant \max(f(0), f(\sqrt{2(1-w)})).$$

由 $\frac{1}{2} \leqslant w \leqslant 1, f(0) = 2(w-1)(2w-1) \leqslant 0$, 有
$$f(\sqrt{2(1-w)}) = 2(1-w) + (1-w)(2w-3)\sqrt{2(1-w)}$$
$$\qquad + 2(1-w)(1-2w)$$
$$= (1-w)(4 + (2w-3)\sqrt{2(1-w)} - 4w)$$
$$= \sqrt{2(1-w)^3}(2w - 3 + 2\sqrt{2(1-w)})$$
$$= -\sqrt{2(1-w)^3}(\sqrt{2(1-w)} - 1)^2 \leqslant 0.$$

于是 $f(k) \leqslant 0, D(I) \geqslant D(H)$ 终于得证.

评注 这道题目内容很丰富,主要是计算功夫(费了作者不少时间),必须对三角形内的一些边角关系足够地熟悉.需要注意的一件事是,若是研究三角形九点圆圆心 N 到各边距离之和

$D(N)$，会得到超乎想象的结论．N 是 OH 的中点．当然容易证明 $D(O) \geqslant D(G) \geqslant D(N) \geqslant D(H)$，而本题中我们已经证明了 $D(O) \geqslant D(G) \geqslant D(I) \geqslant D(H)$，那么 $D(I)$、$D(N)$ 究竟孰大孰小？自然会有两种意见，但让人大跌眼镜的是，正确答案是 $D(I)$、$D(N)$ 不可比较大小！

$D(I) < D(N)$ 的例子是：$b = c \to 1, a \to 0$，则 $D(I) \to 0$，$D(N) \to \dfrac{1}{4}$．

$D(I) > D(N)$ 的例子是：等腰直角三角形 ABC，$AB = AC = \sqrt{2}$，$BC = 2$，容易算得 $D(I) = 3(\sqrt{2} - 1)$，而 $D(N) = \dfrac{\sqrt{2} + 1}{2}$，$D(I) > D(N) \Leftrightarrow 6\sqrt{2} - 6 > \sqrt{2} + 1 \Leftrightarrow 5\sqrt{2} > 7 \Leftrightarrow \sqrt{2} > 1.4$．

N 与 G、H 是靠得很近的（尤其是 G），而 $D(G)$、$D(H)$ 都可以与 $D(I)$ 比大小．真奇怪！

匪夷所思的结果总是令人难忘．科普爱好者都知道木星有个大红斑．有一次天文学家观察到有个小黑斑运动得快，眼看要撞上大红斑了．天文学家就开始猜测：有的说小黑斑被弹开，有的说大红斑被撞碎，有的说小黑斑从大红斑上面过去，有的说从大红斑底下过去，有的说混合在一起．然而事实是，大红斑让了几万公里的路，等小黑斑过去后，再不紧不慢地回到老巢！数学中的这种出乎意料的结果更是比比皆是，发现它们令人喜悦．

28．正弦定理 1

已知 $\triangle ABC$，AB、BC、CA 上分别有点 D、E、F，$\triangle DEF$ 是

正三角形，$AD = BE = CF$，如图 28.1 所示，则△ABC 也是正三角形.

证明　首先证明,若∠BDE、∠AFD、∠CEF 中至少有两角相等(比如∠BDE = ∠AFD)，那么结论就成立.

这是因为

$$\frac{\sin A}{\sin \angle AFD} = \frac{DF}{AD} = \frac{DE}{BE} = \frac{\sin B}{\sin \angle BDE},$$

$\sin A = \sin B$，∠A = ∠B.

易知此时∠ADF = ∠BED ⇒ ∠BDE = ∠CEF，同理可得∠B = ∠C，得证.

接下去，不妨设∠BDE > ∠AFD、∠CEF.

分两种情况.

(1) ∠BDE ≤ 90°(见图 28.1). $\frac{BC}{AC} = \frac{\sin A}{\sin B} = \frac{\sin \angle AFD}{\sin \angle BDE} <$ 1，∠A < ∠B，这样一来，由三角形内角和，必有∠ADF > ∠BED ⇒ ∠BDE < ∠CEF，矛盾.

(2) ∠BDE > 90°(见图 28.2). ∠BDE > ∠CEF ⇒ ∠ADF < ∠BED，在△BDE 内部可取一点 K，使得∠KDE = ∠AFD，∠KED = ∠ADF，于是△KDE ≌ △AFD，$KE = AD = BE$，但∠BKE > ∠BDE > 90° ⇒ $KE < BE$，矛盾.

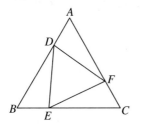

图 28.1

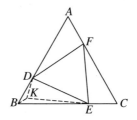

图 28.2

因此，△ABC 为正三角形．

评注 这是一道著名的"老大难"问题，结论虽显然，但推导过程却不易（显然从△ABC 是正三角形推出△DEF 是正三角形太容易了），而且在各种奥数教材中似乎也不大容易见到．注意在用反证法的时候，不要忽略第二种情况．

29．正弦定理 2

凸四边形 ABCD 中，AC 平分 BD，O 是 BD 上任一点，过 O 作两直线 EOF、GOH，其中 E、F、G、H 分别在 AD、BC、AB、CD 上，GF、EH 分别交 BD 于 I、J，求证：$\dfrac{OI}{OJ} = \dfrac{OB}{OD}$．

证明 如图 29.1 所示，设好 ∠1～∠8（注意 ∠3 = ∠GOB，∠4 = ∠FOB），易知 ∠3 = ∠6，∠4 = ∠5．由面积及正弦定理，有

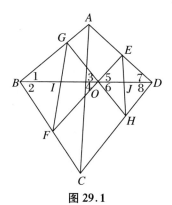

图 29.1

$$\frac{OI}{OJ} = \frac{OB}{OD} \Leftrightarrow \frac{OI}{OB} = \frac{OJ}{OD} \Leftrightarrow \frac{OI}{BI} = \frac{OJ}{DJ} \Leftrightarrow \frac{S_{\triangle GOF}}{S_{\triangle GBF}} = \frac{S_{\triangle EOH}}{S_{\triangle EDH}}$$

$$\Leftrightarrow \frac{GO \cdot FO \cdot \sin\angle GOF}{GB \cdot FB \cdot \sin\angle GBF}$$

$$= \frac{EO \cdot HO \cdot \sin\angle EOH}{ED \cdot HD \cdot \sin\angle EDH}$$

$$\Leftrightarrow \frac{\sin\angle 1}{\sin\angle 3} \cdot \frac{\sin\angle 2}{\sin\angle 4} \cdot \frac{1}{\sin\angle ABC}$$

$$= \frac{\sin\angle 7}{\sin\angle 5} \cdot \frac{\sin\angle 8}{\sin\angle 6} \cdot \frac{1}{\sin\angle ADC}$$

$$\Leftrightarrow \frac{\sin\angle 1}{\sin\angle 7} \cdot \frac{\sin\angle 2}{\sin\angle 8} \cdot \frac{\sin\angle ADC}{\sin\angle ABC} = 1$$

$$\Leftrightarrow \frac{AD}{AB} \cdot \frac{CD}{BC} \cdot \frac{\sin\angle ADC}{\sin\angle ABC} = 1$$

$$\Leftrightarrow S_{\triangle ADC} = S_{\triangle ABC}$$

$$\Leftrightarrow AC \text{ 平分 } BD.$$

评注 如果此题不使用正弦定理,就会比较麻烦,很多辅助线、很多比例或相似三角形,给人以眼花缭乱的感觉,甚至一时半会让人难以下手.

类似地,可以证明图 29.2 中的结论: $\dfrac{1}{PI} - \dfrac{1}{PJ} = \dfrac{1}{PM} - \dfrac{1}{PN}$

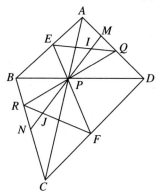

图 29.2

（留给读者证明）．

30．梅涅劳斯定理 1

$\triangle ABC$ 中，$\angle B = 90°$，D 在 BC 上，且 $\angle BAD = 2\angle CAD$，试用 $\dfrac{AB}{AD}(=a)$ 表示 $\dfrac{BD}{CD}$．

解 作 AE 平分 $\angle BAD$，又作 $EG \perp AD$，G 在 AC 上，且 EG 与 AD 交于 F．如图 30.1 所示．

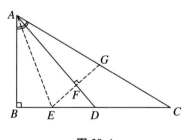

图 30.1

易知 $\triangle ABE \cong \triangle AFE \cong \triangle AFG$，$EF = FG$，$AF = AB$．

由角平分线性质，有 $\dfrac{BE}{ED} = \dfrac{AB}{AD} = a$，设 $ED = 1$，$BE = a$，$CD = x$．

由梅氏定理，有 $\dfrac{EC}{CD} \cdot \dfrac{DA}{AF} \cdot \dfrac{FG}{GE} = 1$，代入，得

$$\dfrac{x+1}{x} \cdot \dfrac{1}{a} \cdot \dfrac{1}{2} = 1, \quad x = \dfrac{1}{2a-1},$$

所以

$$\frac{BD}{CD} = \frac{a+1}{x} = (a+1)(2a-1) = 2a^2 + a - 1.$$

评注 尽管这道题不算很难，也未必要用到梅涅劳斯定理，此处利用梅氏定理的独特做法仍使人印象深刻.

31. 梅涅劳斯定理 2

凸四边形 $ABCD$ 中，$\angle D \neq 90°$，AB、BC 中点分别为 P、Q，向对边作垂线 PS、QT. 设 PS、QT、BD 三线共点，求证：$AC \perp BD$.

证明 设 PS、QT、BD 三线交于 K. 如图 31.1 所示.

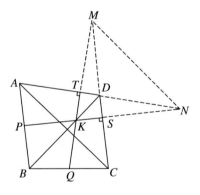

图 31.1

由 $\angle D \neq 90°$，设直线 QT、CD 交于 M，直线 PS、AD 交于 N，连接 MN. 易知 D 是 $\triangle KMN$ 的垂心. $BD \perp MN$，故

$$AC \perp BD \Leftrightarrow AC /\!/ MN.$$

由梅氏定理,有

$$\frac{CM}{MD} \cdot \frac{DK}{KB} \cdot \frac{BQ}{QC} = 1 = \frac{AN}{ND} \cdot \frac{DK}{KB} \cdot \frac{BP}{PA},$$

得 $\frac{CM}{MD} = \frac{AN}{ND}$,则 $AC // MN$.

评注 本题的精彩之处在于利用梅氏定理转移了命题,并通过垂心的性质加以解决,不太容易想到.

32. 梅涅劳斯定理 3

已知 $\triangle ABC$,D 是 BC 上一点,E、F 分别为 $\triangle ABD$、$\triangle ACD$ 的内心,两端延长 EF,分别交 AB、AC 于 M、N,则 $AM = AN$ $\Leftrightarrow \frac{AD + BD}{AD + DC} = \frac{AB}{AC}$.

证明 分别延长 DE、DF 至 AB、AC,交点分别为 S、T. 设 AD、MN 交于 K. 如图 32.1 所示.

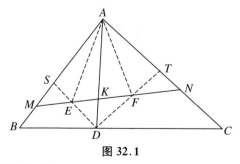

图 32.1

由梅氏定理,有

$$\frac{AM}{MS} \cdot \frac{SE}{ED} \cdot \frac{DK}{KA} = 1 = \frac{AN}{NT} \cdot \frac{TF}{FD} \cdot \frac{DK}{KA},$$

故

$$\frac{AM}{MS} \cdot \frac{SE}{ED} = \frac{AN}{NT} \cdot \frac{TF}{FD},$$

又 $\frac{SE}{ED} = \frac{AS}{AD}, \frac{TF}{FD} = \frac{AT}{AD}$,故

$$\frac{AM}{MS} \cdot AS = \frac{AN}{NT} \cdot AT.$$

故

$$AM = AN \Leftrightarrow \frac{AS}{MS} = \frac{AT}{NT} \Leftrightarrow ST \parallel MN \Leftrightarrow AS = AT$$

$$\Leftrightarrow \frac{AD}{AS} = \frac{AD}{AT} \Leftrightarrow \frac{DE}{ES} = \frac{DF}{FT}$$

$$\Leftrightarrow \frac{AD+BD}{AB} = \frac{AD+DC}{AC}.$$

注意 $\frac{DE}{ES} = \frac{AD+BD}{AB}$ 等为常见结论.

评注 本题或许是由 1988 年第 29 届 IMO 第五题进一步研究得来的. 它涉及角平分线和内心的性质, 但是运用梅氏定理不是马上就想得到的.

33. 塞瓦定理 1

凸四边形 $ABCD$, F、E 分别在 AB、AD 上, BE、CF 交于 P, CE、DF 交于 Q, BQ、DP 交于 O, 如图 33.1 所示, 求证: A、O、C 三点共线.

33. 塞瓦定理 1

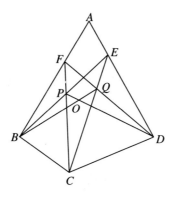

图 33.1

证明 此题用塞瓦逆定理较为方便,即证明 BQ、DP、AC 共点. 为此运用"无敌"的"面积方法",易知只需证:

$$\frac{S_{\triangle ABC}}{S_{\triangle ADC}} \cdot \frac{S_{\triangle BQD}}{S_{\triangle BQA}} \cdot \frac{S_{\triangle APD}}{S_{\triangle BPD}} = 1,$$

而

$$\frac{S_{\triangle BQD}}{S_{\triangle BQA}} = \frac{\dfrac{QD}{FD}S_{\triangle BFD}}{\dfrac{FQ}{FD}S_{\triangle ABD}} = \frac{QD \cdot S_{\triangle BFD}}{FQ \cdot S_{\triangle ABD}} = \frac{QD \cdot BF}{FQ \cdot AB},$$

同理 $\dfrac{S_{\triangle APD}}{S_{\triangle BPD}} = \dfrac{EP \cdot AD}{BP \cdot ED}$,故

$$\frac{S_{\triangle ABC}}{S_{\triangle ADC}} \cdot \frac{S_{\triangle BQD}}{S_{\triangle BQA}} \cdot \frac{S_{\triangle APD}}{S_{\triangle BPD}}$$

$$= \frac{S_{\triangle ABC}}{S_{\triangle ADC}} \cdot \frac{QD}{FQ} \cdot \frac{AD}{ED} \cdot \frac{BF}{AB} \cdot \frac{EP}{BP}$$

$$= \frac{S_{\triangle ABC}}{S_{\triangle ADC}} \cdot \frac{S_{\triangle EDC}}{S_{\triangle CEF}} \cdot \frac{S_{\triangle ADC}}{S_{\triangle EDC}} \cdot \frac{S_{\triangle CBF}}{S_{\triangle ABC}} \cdot \frac{S_{\triangle CEF}}{S_{\triangle CBF}} = 1,$$

证毕.

评注 确切地说,本题的标题应该是塞瓦逆定理.梅涅劳斯定理和塞瓦定理(及其逆定理)是平面几何中非常重要的结论,与面积的关系极为密切(当然梅氏定理更为基本些).其实,它们已经使得平面几何证明题中带有"计算"的味道了.

34．塞瓦定理 2

如图 34.1 所示,凸四边形 $ABCD$ 中,A、D 在对角线 BD、AC 上的垂足分别是 E、F,AB、BF、CE、CD 的中点分别是 P、Q、R、S,PR、SQ 交于 K,求证:$KE = KF$.

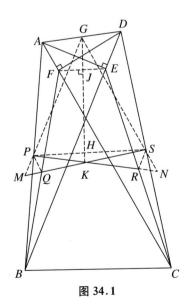

图 34.1

证明 设 AD 中点为 G,由 $GE = GF$,作 GJ 垂直平分 EF,只需证明直线 GJ 过 K,或 GJ、PR、SQ 共点.

如图 34.1 所示,设 GP、SQ 延长交于 M,GS、PR 延长交于 N,GJ 延长交 PS 于 H.

由平行知 $\angle PGJ = 90° - \angle FEB = 90° - \angle FAD$,同理 $\angle SGJ = 90° - \angle EDA$,由于 $GP \parallel DB \parallel SR$,$GS \parallel AC \parallel PQ$,故

$$\frac{GM}{MP} \cdot \frac{PH}{HS} \cdot \frac{SN}{NG} = \frac{GS}{PQ} \cdot \frac{GP\sin\angle PGJ}{GS\sin\angle SGJ} \cdot \frac{SR}{GP}$$

$$= \frac{AC}{AF} \cdot \frac{BD\cos\angle FAD}{AC\cos\angle EDA} \cdot \frac{DE}{BD}$$

$$= \frac{AC}{AF} \cdot \frac{BD \cdot AF}{AC \cdot DE} \cdot \frac{DE}{BD} = 1,$$

于是 GJH、PR、SQ 共点于 K,K 也在 EF 的中垂线上,即 $KE = KF$.

评注 这是一道值得深深体会的好题,具有一定难度,乍一看结论无从下手,亦不太容易想到去用塞瓦(逆)定理.在解决数学难题过程中是否能发现其中蕴藏着一些深刻的道理呢?比如遇到困难如何绕开、转移以寻找新的道路?或者如何做到不拘泥于细节且要有一点"大局观"?作者认为那是肯定的,而且用在初等数学和高等数学、前沿数学上没有什么区别.

35. 塞瓦定理 3

已知 E、F 分别在正方形 $ABCD$ 的边 CD、DA 上,AE、CF

交于 H,求证:$BH \perp EF$,当且仅当 $AF = CE$ 或 DE.

证明 如图 35.1 所示,设 BA、CF 延长交于 M,AE、BC 延长交于 N.

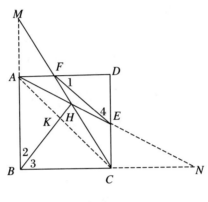

图 35.1

易知
$$BH \perp EF \Leftrightarrow \angle 1 = \angle 2, \quad \angle 3 = \angle 4.$$

不妨设正方形 $ABCD$ 边长为 1,$AF = m$,$CE = n$.

由塞瓦定理,有

$$\frac{BM}{MA} \cdot \frac{AK}{KC} \cdot \frac{CN}{NB} = 1 \Leftrightarrow \frac{BC}{AF} \cdot \frac{\sin \angle 2}{\sin \angle 3} \cdot \frac{CE}{AB} = 1$$

$$\Leftrightarrow \frac{\sin \angle 1}{\sin \angle 4} = \frac{AF}{CE} \Leftrightarrow \frac{DE}{DF} = \frac{AF}{CE}$$

$$\Leftrightarrow \frac{1-n}{1-m} = \frac{m}{n} \Leftrightarrow n - n^2 = m - m^2$$

$$\Leftrightarrow (m-n)(m+n-1) = 0.$$

则 $m = n$,即 $AF = CE$;$m + n - 1 = 0$,即 $AF = DE$.

评注 请注意在图形上梅氏定理有两种形式(截线分别穿过三角形和不穿过三角形),塞瓦定理也是如此(塞瓦线所共点在三角形内或外).

36. 等角共轭

P 为凸四边形 $ABCD$ 的对角线交点,如果它有等角共轭点,当且仅当 $AC \perp BD$.

证明 不妨设 $\angle ABC$ 为最大内角,P 关于四边形 $ABCD$ 的等角共轭点为 Q.作 B 关于 AC 的对称点 E,如图 36.1 所示,则易知 Q、E 互为 $\triangle ACD$ 的等角共轭点.于是由条件,$\angle CDE = \angle ADQ = \angle CDP$,于是 E 在 BD 上,故 $AC \perp BD$.

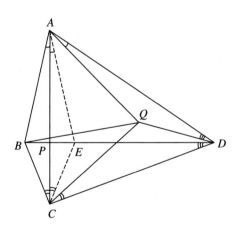

图 36.1

最后还剩下一件事,就是证明 $\angle ABQ = \angle CBP$.

由正弦定理,易知

$$\frac{\sin\angle ABQ}{\sin\angle QAB} \cdot \frac{\sin\angle QAD}{\sin\angle QDA} \cdot \frac{\sin\angle QDC}{\sin\angle QCD} \cdot \frac{\sin\angle QCB}{\sin\angle QBC}$$

$$= \frac{AQ}{BQ} \cdot \frac{DQ}{AQ} \cdot \frac{CQ}{DQ} \cdot \frac{BQ}{CQ} = 1,$$

即

$$\frac{\sin\angle ABQ}{\sin\angle CAD} \cdot \frac{\sin\angle CAB}{\sin\angle BDC} \cdot \frac{\sin\angle ADB}{\sin\angle ACB} \cdot \frac{\sin\angle ACD}{\sin\angle QBC} = 1,$$

故

$$\frac{\sin\angle ABQ}{\sin\angle QBC} = \frac{AB}{BC} \cdot \frac{\sin\angle BDC}{\sin\angle ADB} \cdot \frac{CD}{AD} = \frac{AB}{BC} \cdot \frac{CP}{AP}$$

$$= \frac{\sin\angle CBD}{\sin\angle ABD},$$

故 $\angle ABQ = \angle CBP$.

评注 对于不在顶点上的每个点,关于三角形总有等角共轭点,但四边形就未必,因此要说清楚两点是针对哪个图形的等角共轭点. 本题最后部分用了一个重要结论:若 $\frac{\sin\alpha}{\sin\beta} = \frac{\sin\alpha'}{\sin\beta'}$,且 $\alpha + \beta = \alpha' + \beta' < 180°$,则 $\alpha = \alpha'$,$\beta = \beta'$,这算是正弦定理的一个"变种",留给读者证明.

37. 牛 顿 线

如图 37.1 所示,△ABC 中,E、F 分别在 AB、AC 上,CE、BF 交于 D,H_1、H_2 分别是 △EDB、△FDC 的垂心,P 点满足 PH_1 // AC,PH_2 // AB,求证:PD 平行于完全四边形 AEBDCF 之

牛顿线.

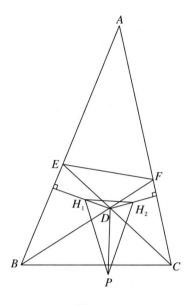

图 37.1

证明 AD、EF、BC 的中点在一条直线上,此直线即为牛顿线,牛顿线与 H_1H_2 垂直,故只需证明 $PD \perp H_1H_2$.

$$PH_1 /\!/ AC \Rightarrow PH_1 \perp DH_2,$$

$$PH_2 /\!/ AB \Rightarrow PH_2 \perp DH_1,$$

故 D 为 $\triangle PH_1H_2$ 的垂心,$PD \perp H_1H_2$.

评注 牛顿线与 H_1H_2 垂直的证明留给读者(这是一个定理),可用一对对应边垂直的顺向相似三角形加以证明. 牛顿线是完全四边形的一个研究热点.

38. 牛顿线与垂心线

两圆相交于 P、Q,过 P 有一定长弦 APC,有一动长弦 BPD(A、B 在同一圆上,C、D 在另一圆上),则 AD、BC 的中点连线(牛顿线)过定点 X,$\triangle PAB$、$\triangle PCD$ 的垂心连线(垂心线)与 AD、BC 的中点连线的交点的轨迹是一个圆;若 APC 也运动,则这些圆过定点.

证明 如图 38.1 所示,设两圆 $\odot O_1$、$\odot O_2$ 半径分别为 R_1、R_2,设 J 为 AC 的中点,M、N 分别为 AD、BC 的中点,则由正弦定理及中位线定理,有

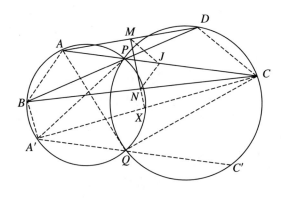

图 38.1

$$\frac{MJ}{JN} = \frac{CD}{AB} = \frac{R_2}{R_1} = \frac{CQ}{AQ},$$

设 BA、CD 延长交于 Z(图 38.1 中未画出),易知

$$\angle MJN = 180° - \angle Z = \angle AQC,$$

故
$$\triangle MJN \backsim \triangle CQA, \quad \angle MNJ = \angle PAQ.$$

又作 $A'QC' \mathbin{\!/\mkern-5mu/\!} APC$,则
$$\angle MNJ = \angle APA' = 180° - \angle ABA',$$

于是
$$\angle BNX = \angle MNC = \angle ABC + 180° - \angle ABA'$$
$$= 180° - \angle CBA',$$

$MN \mathbin{\!/\mkern-5mu/\!} BA'$.

设 MN 与 CA' 交于 X,则 X 为 CA' 的中点,又易知四边形 $AA'C'C$ 是一个固定的平行四边形,于是 X 是其中心,为所求定点.

由一常见结论(斯坦纳定理)知,$\triangle PAB$、$\triangle PCD$ 的垂心连线经过一定点 Q',此 Q' 即 Q 关于 APC 的对称点.

又由另一结果知,$\triangle PAB$、$\triangle PCD$ 的垂心连线与 MN(牛顿线)垂直,故它的交点在一定圆上,此圆 O 依赖于 APC,它是以 XQ' 为直径的.

最后,我们用解析几何证明⊙O 经过定点 Y. Y 可以这样刻画:设连心线和公共弦的交点 S 与连心线中点 T 的中点是 K,则 Y 是 S 在 KQ 上的垂足.

设 $O_1(a,0)$, $O_2(b,0)$, $P(0,1)$, $Q(0,-1)$, ⊙O_1: $(x-a)^2 + y^2 = a^2 + 1$, ⊙O_2: $(x-b)^2 + y^2 = b^2 + 1$,又设 APC: $y = kx + 1$; $A'QC'$: $y = kx - 1$,则有

$$A\left(\frac{2(a-k)}{k^2+1}, \frac{2ak-k^2+1}{k^2+1}\right),$$

$$C'\left(\frac{2(b+k)}{k^2+1}, \frac{2bk+k^2-1}{k^2+1}\right),$$

$$X\left(\frac{a+b}{k^2+1}, \frac{(a+b)k}{k^2+1}\right).$$

再来求 $Q(0,-1)$ 关于 APC 的对称点坐标 $Q'(x,y)$,易知 $\frac{y+1}{x}=-\frac{1}{k}$ 或 $k(y+1)=-x$ (这包含 $k=0$ 之情形),又 $PQ'=PQ$,即

$$x^2+(y-1)^2=4 \Rightarrow Q'\left(\frac{-4k}{k^2+1}, \frac{3-k^2}{k^2+1}\right).$$

于是以 $Q'X$ 为直径的圆的方程是

$$x^2-\frac{a+b-4k}{k^2+1}x+y^2-\frac{(a+b)k+3-k^2}{k^2+1}y-\frac{4k(a+b)}{(k^2+1)^2}$$

$$+\frac{k(a+b)(3-k^2)}{(k^2+1)^2}=0,$$

既然过定点,下面求出定点坐标.

令 $k=0$,得 $x^2-(a+b)x+y^2-3y=0$;令 $k\to\infty$,得 $x^2+y^2+y=0$, $(x,y)=(0,0)$ 显然不满足(除非 $a+b=0$ 这种特殊情况),另一组解是

$$(x,y)=\left(\frac{4(a+b)}{16+(a+b)^2}, \frac{-(a+b)^2}{16+(a+b)^2}\right),$$

令 $a+b=t$,只需验证

$$(k^2+1)^2\left(\left(\frac{4t}{16+t^2}\right)^2+\left(\frac{-t^2}{16+t^2}\right)^2\right)-(k^2+1)$$

$$\cdot\left((t-4k)\frac{4t}{16+t^2}+(tk+3-k^2)\cdot\frac{-t^2}{16+t^2}\right)-4kt+kt(3-k^2)=0,$$

消去 k^2+1,有

$$(k^2+1)\frac{16t^2+t^4}{(16+t^2)^2} - \frac{4t(t-4k)-t^2(tk+3-k^2)}{16+t^2} - kt = 0$$

$$\Leftrightarrow \frac{(k^2+1)t^2-(t^2-16kt-t^3k+t^2k^2)}{16+t^2} = kt,$$

此显然成立.

最后证明 Y 的坐标就是 $\left(\dfrac{4(a+b)}{16+(a+b)^2}, \dfrac{-(a+b)^2}{16+(a+b)^2}\right)$.

易知 $S(0,0)$, $T\left(\dfrac{a+b}{2},0\right)$, $K\left(\dfrac{a+b}{4},0\right)$, KQ:$4x = (a+b)(y+1)$,过 S 作垂直于 KQ 的直线方程为 $y = -\dfrac{a+b}{4}x$,它们的交点即 $Y\left(\dfrac{4(a+b)}{16+(a+b)^2}, \dfrac{-(a+b)^2}{16+(a+b)^2}\right)$.

评注 这个漂亮的命题是叶中豪(老封)先生发现的,他说 Y 这点(显见有两个)相当深刻,探究下去还会有很多发现. 此外,完全四边形的牛顿线与垂心线垂直是一个比较常见的事实.

39. 四边形 1

凸四边形 $ABCD$ 中,对角线交于 P,M、N 分别是 BD、AC 的中点(不妨设 M、N 分别在 PB、PC 上),过 P 作 $EF /\!/ MN$,E、F 分别在 AB、CD 上,S、T 分别在 PB、PC 上,满足 $PM = MS$,$PN = NT$,两端延长 ST,分别交 AB、CD 于 Q、R,如图 39.1 所示,求证:(1) $\dfrac{PE}{PF} = \dfrac{S_{\triangle APB}}{S_{\triangle CPD}}$;(2) $SQ = TR$.

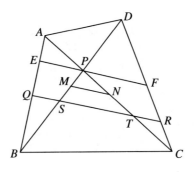

图 39.1

证明 记点 X 到直线 YZ 的距离为 $d(X,YZ)$. 易知
$$\frac{PE}{PF} = \frac{S_{\triangle APB}}{S_{\triangle CPD}}$$
$$\Leftrightarrow d(A,EF) + d(B,EF) = d(C,EF) + d(D,EF)$$
$$\Leftrightarrow d(B,EF) - d(C,EF) = d(D,EF) - d(A,EF)$$
$$\Leftrightarrow d(B,MN) - d(C,MN) = d(D,MN) - d(A,MN).$$

但易知
$$d(B,MN) = d(D,MN), \quad d(C,MN) = d(A,MN),$$

(1)得证.

又易知 $BS = PD, CT = PA$,故
$$\frac{QS}{PE} = \frac{PD}{PB}, \quad \frac{TR}{PF} = \frac{PA}{PC},$$

故
$$\frac{QS}{TR} = \frac{PE}{PF} \cdot \frac{PD \cdot PC}{PB \cdot PA} = \frac{PE}{PF} \cdot \frac{S_{\triangle CPD}}{S_{\triangle APB}} = 1.$$

评注 本题中,如果没有(1),直接做(2)可能会难一些.

40. 四 边 形 2

凸四边形 $ABCD$ 中,对边不平行,$AC = BD$,设 AD、BC 的中垂线交于 E,AB、CD 的中垂线交于 F,AC、BD 交于 P,如图 40.1 所示,求证:$\angle EPF = 90°$.

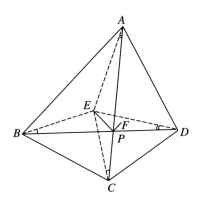

图 40.1

证明 不妨设 $PA \geqslant PB \geqslant PD \geqslant PC$,易知 E、F 分别在 $\triangle APB$、$\triangle APD$ 内.

易知 $\triangle AEC \cong \triangle DEB$(SSS),$E$、$B$、$C$、$P$ 共圆,A、E、P、D 共圆. 又 $\angle BEC = \angle AED$,故 $\angle EPB = \angle ECB = \angle EDA = \angle EPA$. 同理 PF 平分 $\angle APD$,故 $\angle EPF = 90°$.

评注 这个结论优美、基本. 但 $\angle EPF = 90°$ 能否推出 $AC = BD$? 请读者考虑.

41. 四 点 共 圆

锐角△ABC 中，AB>AC，内心 I 在 BC 上的垂足是 D，O、H 分别是△ABC 的外心和垂心，AO∥HD，设 AS 是高，延长后交△ABC 外接圆于 E，CI 中点是 K，如图 41.1 所示，求证：O、I、E、K 共圆.

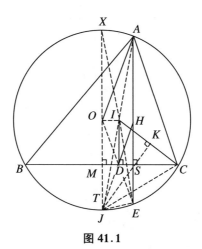

图 41.1

证明 过 O 作 OMJ⊥BC，其中 M 是 BC 中点，J 在外接圆上，显然 A、I、J 共线. 延长 HD，交 OJ 于 T，则得平行四边形 AOTH，众所周知 AH=2OM，故 OM=MT. 众所周知∠HDC=∠EDC，于是∠ODM=∠TDM=∠HDC=∠EDC，O、D、E 共线.

41. 四点共圆

设三角形三对应边长为 a、b、c，则

$$MD = BD - BM = \frac{a+c-b}{2} - \frac{a}{2} = \frac{c-b}{2},$$

$$DS = DC - SC = \frac{a+b-c}{2} - b\cos C = \frac{a+b-c}{2} - \frac{a^2+b^2-c^2}{2a}$$

$$= \frac{ab - ac - b^2 + c^2}{2a} = \frac{(c-b)(b+c-a)}{2a},$$

于是

$$\frac{OM}{SE} = \frac{MD}{DS} = \frac{a}{b+c-a},$$

此即（设外接圆、内切圆半径分别为 R、r，$AS = h$）

$$\frac{R\cos A}{2R\cos B\cos C} = \frac{a}{b+c-a} \quad \text{或} \quad \frac{b+c-a}{a} = \frac{2\cos B\cos C}{\cos A},$$

于是

$$\frac{h}{r} = \frac{a+b+c}{a} = \frac{2\cos B\cos C + 2\cos A}{\cos A}$$

$$= \frac{2R\sin B\sin C}{R\cos A} = \frac{h}{OM},$$

此说明 $OI \parallel BC$，也即 $\angle IOJ = 90°$，又 $JI = JC$，K 是 IC 中点，故 $\angle IKJ = 90°$，最后证明 E 也在以 IJ 为直径的圆上.

这是因为 O、I 均在 AE 的中垂线上，所以若延长 JO 交圆于 X，则 A、I、J 共线必导致 X、I、E 共线，而 JX 是直径，故 $\angle IEJ = 90°$，证毕.

评注 本题其实远超出标题的范围，对于三角形的边角关系（往往是一些三角条件等式）需要有较为熟练的掌握，如果平面几何达到了一定程度的修炼，我们就会通过还原，大致感觉或猜测到命题者是怎样构造出题目来的.

42. 三角形的内切圆

已知 △ABC 的内切圆分别切 BC、CA 于 T、P,AT、BP 交于 K,AT 与圆还交于 J,求证:$\dfrac{3KT}{KJ} = \dfrac{AT}{AJ}$.

证明 我们用牛顿定理来证明本题结论.牛顿定理如图 42.1 所示(字母与本题无关),圆外切四边形 ABCD 的四边 AB、BC、CD、DA 分别与圆切于 P、Q、R、S,则 AC、BD、PR、SQ 共点.

除此之外,还有一个工具是调和点列.

现在回到本题.

设圆与 AB 切于 Q,由塞瓦定理知,CQ 经过 K.过 J 作切线 MN,M、N 分别在 AB、AC 上,由牛顿定理,设 MC、PQ、BN、AT 交于点 S.如图 42.2 所示.于是 A、J、S、T 是调和点列,A、S、K、T 也是调和点列.

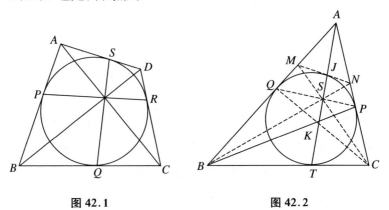

图 42.1 图 42.2

设 $AS = a$, $ST = b$, $JS = x$, $SK = y$,则

$$\begin{cases}(a+b)x = (a-x)b \\ (a+b)y = (b-y)a\end{cases}, \quad x = \frac{ab}{a+2b}, \quad y = \frac{ab}{2a+b},$$

$$x + y = \frac{3ab(a+b)}{(a+2b)(2a+b)},$$

于是

$$3(a-x)(b-y) = \frac{3(a+b)^2 xy}{ab} = \frac{3ab(a+b)^2}{(a+2b)(2a+b)}$$

$$= (x+y)(a+b),$$

即

$$3AJ \cdot KT = KJ \cdot AT,$$

则 $\dfrac{3KT}{KJ} = \dfrac{AT}{AJ}$.

评注 牛顿定理可用正弦定理较快证明(留给读者),这一定理用途广泛,调和点列的用处当然更不用提.

43. 位 似

$\triangle ABC$ 中,对应边长为 a、b、c,p 是半周长,M、T 在 AB 上,P、S 在 BC 上,N、Q 在 CA 上,如图 43.1 所示,$BM = CN = \dfrac{1}{2}(p-a)$,$AT = CS = \dfrac{1}{2}(p-b)$,$AQ = BP = \dfrac{1}{2}(p-c)$,求证:$MN$、$PQ$、$ST$ 的中垂线共点.(注意图中 S、T、P、Q 未画出.)

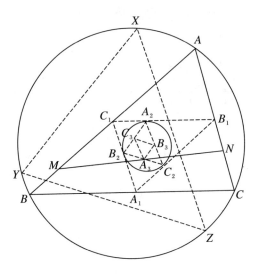

图 43.1

证明 设 $\triangle ABC$ 的内切圆与 BC、CA、AB 分别切于 A'、B'、C'(图中未画出),$\triangle A'B'C'$ 称为 $\triangle ABC$ 的"切点三角形". 设 $\triangle ABC$ 的边 BC、CA、AB 的中点分别为 A_1、B_1、C_1,于是 $\triangle A_1 B_1 C_1$ 的切点三角形 $\triangle A_2 B_2 C_2$(A_2、B_2、C_2 是对应切点)与 $\triangle A'B'C'$ 位似(位似比是 1∶2).

易知,以 $\triangle ABC$ 的外接圆弧 $\overset{\frown}{BC}$、弧 $\overset{\frown}{CA}$、弧 $\overset{\frown}{AB}$ 的中点为顶点的三角形 $\triangle'$ 与 $\triangle A'B'C'$ 位似(用圆内角可以证明对应边平行),而以 $\triangle ABC$ 外接圆弧 $\overset{\frown}{ABC}$、弧 $\overset{\frown}{BCA}$、弧 $\overset{\frown}{CAB}$ 中点 Y、Z、X 为顶点的三角形 $\triangle XYZ$ 与 $\triangle'$ 关于外心 O 对称,因此,$\triangle XYZ$ 与 $\triangle A'B'C'$ 也位似(对应边平行). 于是,$\triangle A_2 B_2 C_2$ 与 $\triangle XYZ$ 位似(具体为 $B_2 C_2 /\!/ YZ$,$C_2 A_2 /\!/ ZX$,$A_2 B_2 /\!/ XY$).

运用比例线段和塞瓦逆定理很容易证明,XA_3、YB_3、ZC_3 共点. 此处 A_3、B_3、C_3 分别为 $B_2 C_2$、$C_2 A_2$、$A_2 B_2$ 的中点.

下面证明,直线 XA_3、YB_3、ZC_3 分别就是 MN、ST、PQ 的中垂线. 显然只要证明一个就可以了,即证直线 XA_3 是 MN 的中垂线. 设 MN 的中点是 J.

分两个步骤:

(1) $XM = XN$,这由 $\triangle XBM \cong \triangle XCN$ 知成立. 于是 XJ 即为 MN 的中垂线.

(2) MN 和 B_2C_2 互相平分,也即证明它们的中点 J、A_3 是同一个点.

易知 $A_1C_2 = \dfrac{1}{2}(p-a) = BM$,且 $A_1C_2 /\!/ BM$,故 $MC_2 \underline{\underline{/\!/}} BA_1$.

同理,$NB_2 \underline{\underline{/\!/}} CA_1$.

于是得平行四边形 B_2NC_2M,MN 和 B_2C_2 互相平分,故 J、A_3 是同一个点.

评注 本题是一名学生告诉作者的,结论对称、优美,使人印象深刻,它的解法有几大特点,一是大弧中点的重要性;其次,是位似的较高境界;最后,本题也采用了重新刻画的想法. 几何画板显示,在 1/2 情形,所共之点就是所谓的 Mittonpunkt. 那么,把 1/2 换成任何实数 k(负数表明在反向延长线上),结论还成立吗?请读者考虑.

44. 一次函数的妙用

如图 44.1 所示,已知在 $\triangle ABC$ 中,$AB = AC$,$BD = DC$,

T、S 分别是 AB、AC 上的一点，TD 交 BS 于 N，TC 交 SD 于 M，且 $TN = SM$，求证：$AT = AS$.

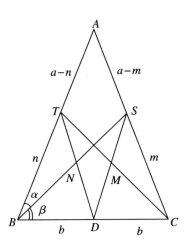

图 44.1

证明 设 $AB = AC = a$，$BD = CD = b$，$BT = n$，$CS = m$. 又设 $\angle ABS = \alpha$，$\angle CBS = \beta$.

由面积，$\dfrac{a-m}{m} = \dfrac{a\sin\alpha}{2b\sin\beta}$，$\dfrac{\sin\alpha}{\sin\beta} = \dfrac{2b(a-m)}{am}$，又

$\dfrac{TN}{ND} = \dfrac{n\sin\alpha}{b\sin\beta} = \dfrac{2n(a-m)}{am}$，$\dfrac{TN}{TD} = \dfrac{2n(a-m)}{2na - 2mn + am}$，

又

$$TD^2 = n^2 + b^2 - 2nb\cos(\alpha + \beta) = n^2 + b^2 - \dfrac{2nb^2}{a},$$

故

$$TN = \dfrac{2n(a-m)}{2na - 2mn + am} \cdot \sqrt{n^2 + \left(1 - \dfrac{2n}{a}\right)b^2},$$

同理

$$SM = \frac{2m(a-n)}{2ma-2mn+an} \cdot \sqrt{m^2 + \left(1-\frac{2m}{a}\right)b^2}.$$

用反证法,若 $m \neq n$,不妨设 $m > n$. b 的范围是 $0 < b < a$,为方便起见,我们将其扩充为 $0 \leqslant b \leqslant a$. 下证 $SM > TN$.

若设 $f(b^2) = SM^2 - TN^2$,则 $f(b^2)$ 为一次函数的一段,于是只需证 $f(0) > 0, f(a^2) > 0$. 记 $SM = g(b^2), TN = h(b^2)$,只需证

$$\frac{g(0)}{h(0)} > 1, \quad \frac{g(a^2)}{h(a^2)} > 1.$$

而

$$\frac{g(0)}{h(0)} > \frac{g(a^2)}{h(a^2)} \Leftrightarrow \frac{m}{n} > \frac{a-m}{a-n} \Leftrightarrow am > an.$$

故只需证明

$$g(a^2) > h(a^2) \Leftrightarrow \frac{2m(a-m)(a-n)}{2ma-2mn+an} > \frac{2n(a-m)(a-n)}{2na-2mn+am}$$

$$\Leftrightarrow m(2na-2mn+am) > n(2ma-2mn+an)$$

$$\Leftrightarrow am^2 - 2m^2n > an^2 - 2mn^2$$

$$\Leftrightarrow a(m^2-n^2) > 2mn(m-n)$$

$$\Leftrightarrow am + an > 2mn,$$

最后一步由 $a > m, n$ 知成立.

于是 $SM > TN$,矛盾! 故 $m = n, AT = AS$.

评注　本题的解法可谓相当"恶劣",而且一般人即使有函数的想法,也是想到 $\triangle ABC$ 固定,T、S 为动点,而事实上 T、S 是定点,AB、AC 长度也不变,真正变化的是 $\angle BAC$!

45. 二次函数的应用

存在一个直角三角形,使得有且仅有一条直线同时平分其周长和面积;并求这类直角三角形三边所满足的条件.

解 易知对于等腰直角三角形,有三解. 今设 $\triangle ABC$ 中, $AB=c, BC=a, CA=b$,且 $\angle B=90°, b>c>a$,显然 $c>\dfrac{\sqrt{2}}{2}b$.

易知,此时没有一条满足要求的直线经过 $\triangle ABC$ 的顶点. 如图 45.1 所示,分三种情况.

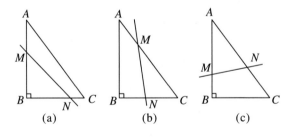

图 45.1

(1) 如图 45.1(a)所示,设 $BM=m, BN=n$,MN 若满足要求,有

$$\begin{cases} mn=\dfrac{1}{2}ac, \\ m+n=\dfrac{1}{2}(a+b+c), \\ 0<m<c, \quad 0<n<a. \end{cases}$$

记 $f_1(x) = x^2 - \frac{1}{2}(a+b+c)x + \frac{1}{2}ac$,由于 $f_1(c) = \frac{1}{2}c$
· $(c-b) < 0$,故 $\max(m,n) > c$,无解.

(2) 如图 45.1(b)所示,设 $CM = m$, $CN = n$,若 MN 满足要求,有

$$\begin{cases} mn = \frac{1}{2}ab, \\ m+n = \frac{1}{2}(a+b+c), \\ 0 < m < b, \quad 0 < n < a. \end{cases}$$

记 $f_2(x) = x^2 - \frac{1}{2}(a+b+c)x + \frac{1}{2}ab$,易知

$f_2(0) > 0$, $f_2(a) = \frac{1}{2}a(a-c) < 0$, $f_2(b) = \frac{1}{2}b(b-c) > 0$,

于是有唯一解 $0 < n < a, a < m < b$.

(3) 如图 45.1(c)所示,设 $AM = m$, $AN = n$,若 MN 满足要求(我们希望无解),有

$$\begin{cases} mn = \frac{1}{2}bc, \\ m+n = \frac{1}{2}(a+b+c), \\ 0 < m < c, \quad 0 < n < b. \end{cases}$$

记 $f_3(x) = x^2 - \frac{1}{2}(a+b+c)x + \frac{1}{2}bc$,易知

$f_3(c) = \frac{1}{2}c(c-a) > 0$, $f_3(b) = \frac{1}{2}b(b-a) > 0$,

又 $f_3(x)$ 的对称轴 $x = \frac{1}{4}(a+b+c) < c \Leftrightarrow a+b < 3c$,由 $2c > b, c > a$ 知显然成立,故 $f_3(x) = 0$ 若有实根,则必在 $(0,c)$ 内,

于是答案为 $\Delta<0$,即
$$(a+b+c)^2<8bc.$$

关于此题,还有一个有趣的问题,$(a+b+c)^2<8bc$ 等价于 $\sin C$ 的什么不等式?

当然,已经有 $\sin C\geqslant\dfrac{\sqrt{2}}{2}$. 不妨设 $b=1$,则 $\sin C=c$,故
$$\sqrt{1-c^2}+1+c<\sqrt{8c}=2\sqrt{2c}$$
$$\Rightarrow \sqrt{1-c^2}<2\sqrt{2c}-1-c,$$

易知
$$1+c<2\sqrt{2c}\Leftrightarrow c^2-6c+1<0$$
$$\Leftrightarrow 3-2\sqrt{2}<c<3+2\sqrt{2},$$

由 $\dfrac{\sqrt{2}}{2}<c<1$ 知成立. 于是平方,得
$$1-c^2<8c+(1+c)^2-4(c+1)\sqrt{2c}$$
$$\Rightarrow 2(c+1)\sqrt{2c}<c^2+5c$$
$$\Rightarrow 8(c+1)^2<c^3+10c^2+25c$$
$$\Rightarrow c^3+2c^2+9c-8>0,$$

利用三次方程的求根公式,得如下结果:
$$\sin C=\dfrac{c}{b}>\dfrac{1}{3}(\sqrt[3]{181+24\sqrt{78}}+\sqrt[3]{181-24\sqrt{78}}-2)$$
$$=0.728\cdots.$$

评注 运用函数的观点做几何题也算常见,并非什么稀罕想法. 对于一般的三角形,也存在恰好一条、两条或三条直线同时平分其面积和周长的充要条件(不等式),读者可自行推导. 不过,这问题要是推广到一般的凸 n 边形,难度恐怕不小.

46. 几何不等式 1

M、N 分别在 $\triangle ABC$ 的边 AB、AC 上,并且 $\triangle AMN$ 和四边形 $MBCN$ 的面积相等,求证: $2 > \dfrac{BM + MN + NC}{AM + AN} > \sqrt{2} - 1$.

证明 设 $AM = m$, $AN = n$, $AB = sm$, $AC = tn$, 易知有 $st = 2$, $s, t > 1$, 故 $s, t < 2$. 于是

$$\dfrac{BM + MN + NC}{AM + AN} < \dfrac{BM + NC + AM + AN}{AM + AN}$$

$$= 1 + \dfrac{(s-1)m + (t-1)n}{m + n} < 2$$

$$\Leftrightarrow (s-1)m + (t-1)n < m + n,$$

由 $s - 1, t - 1 < 1$ 知成立.

又不妨设 $m \geq n$. 于是

$$\dfrac{BM + MN + NC}{AM + AN} > \dfrac{BM + AM - AN + NC}{AM + AN} = \dfrac{AB + AM + NC}{AM + AN} - 1$$

$$= \dfrac{sm + m + tn - n}{m + n} - 1$$

$$= \dfrac{(s+1)m + (t-1)n}{m + n} - 1,$$

于是

$$\dfrac{(s+1)m + (t-1)n}{m + n} = \dfrac{(s+1)\dfrac{m}{n} + (t-1)}{\dfrac{m}{n} + 1}$$

$$= \frac{(s+1)k + (t-1)}{k+1} \geqslant \sqrt{2}$$

$$\Leftrightarrow (s+1-\sqrt{2})k \geqslant \sqrt{2}+1-t,$$

由 $k = \dfrac{m}{n} \geqslant 1$,我们证明

$$s+1-\sqrt{2} \geqslant \sqrt{2}+1-t \Leftrightarrow s+t \geqslant 2\sqrt{2},$$

由 $s+t \geqslant 2\sqrt{st} = 2\sqrt{2}$ 知结论成立.

评注 原题的下界是 1/3,现在的上、下界是最强的.几何不等式是比较难的一个领域,在奥数命题中不算大热门,但也时不时出现.

47．几何不等式 2

已知 $\triangle ABC$ 中,$AB = AC$,D 是 BC 的中点,$DE \perp AC$,E 在 AC 上,M 是 DE 上一点,S 在 ME 上,且 $MS = 2SE$,作 $ST \perp BC$,垂足是 T,如图 47.1 所示,求证:$BM \geqslant 3ST$.

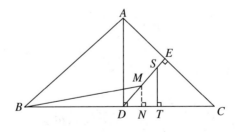

图 47.1

证明　设 $BD=CD=a$，作 $MN\perp BC$，设 $DN=b$，又设 $\dfrac{DM}{DE}=\mu$，易知 $DM\cdot DE=DN\cdot DC$，即 $\mu\cdot DE^2=ab$，$DM^2=ab\mu$。

又 $\dfrac{ME}{DE}=1-\mu$，$\dfrac{MS}{DE}=\dfrac{2}{3}(1-\mu)$，故

$$\dfrac{DM}{DS}=\dfrac{\mu}{\mu+\dfrac{2}{3}(1-\mu)}=\dfrac{3\mu}{2+\mu}=\dfrac{MN}{ST}.$$

又 $EC^2=DC^2-DE^2=a^2-\dfrac{ab}{\mu}$，$\dfrac{MN}{DN}=\dfrac{CE}{DE}$，即

$$MN=b\cdot\sqrt{\left(a^2-\dfrac{ab}{\mu}\right)\dfrac{\mu}{ab}}=b\sqrt{\dfrac{a\mu}{b}-1},$$

$$ST=\dfrac{2+\mu}{3\mu}MN=\dfrac{(2+\mu)b}{3\mu}\sqrt{\dfrac{a\mu}{b}-1},$$

$$BM=\sqrt{BN^2+MN^2}=\sqrt{(a+b)^2+b^2\left(\dfrac{a\mu}{b}-1\right)},$$

于是只需证

$$BM^2\geqslant 9ST^2\Leftrightarrow(a+b)^2+b^2\left(\dfrac{a\mu}{b}-1\right)\geqslant\dfrac{(2+\mu)^2b^2}{\mu^2}\left(\dfrac{a\mu}{b}-1\right)$$

$$\Leftrightarrow\left(\dfrac{a}{b}+1\right)^2\geqslant\dfrac{4(1+\mu)}{\mu^2}\left(\dfrac{a\mu}{b}-1\right),$$

记 $\dfrac{a}{b}=k$，则只需证

$$(k+1)^2\geqslant\dfrac{4(1+\mu)}{\mu^2}(\mu k-1)\Leftrightarrow k^2-\left(\dfrac{4}{\mu}+2\right)k+\dfrac{(\mu+2)^2}{\mu^2}\geqslant 0$$

$$\Leftrightarrow\left(k-\dfrac{\mu+2}{\mu}\right)^2\geqslant 0.$$

评注　本题对代数运算有些要求.

48. 几何不等式 3

已知 $\triangle ABC$ 中,D 为 BC 的中点,如图 48.1 所示,则 $\sin\angle ADC \leqslant \dfrac{2bc}{b^2+c^2}$($AC=b$,$AB=c$,$BC=a$)。

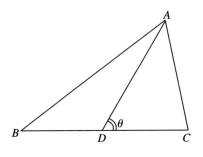

图 48.1

证明 当 $b=c$ 时,结论显然,以下不妨设 $c>b$。
设 $\angle ADC = \theta < 90°$(为什么?),易知

$$AD^2 = \dfrac{b^2+c^2}{2} - \dfrac{a^2}{4},$$

$$AD^2 + DC^2 - 2AD \cdot DC \cdot \cos\theta = AC^2,$$

$$\dfrac{b^2+c^2}{2} - \dfrac{a^2}{4} + \dfrac{a^2}{4} - 2\sqrt{\dfrac{b^2+c^2}{2} - \dfrac{a^2}{4}} \cdot \dfrac{a}{2}\cos\theta = b^2,$$

$$a \cdot \sqrt{\dfrac{b^2+c^2}{2} - \dfrac{a^2}{4}} \cdot \cos\theta = \dfrac{c^2-b^2}{2},$$

又

$$a \cdot \sqrt{\frac{b^2+c^2}{2} - \frac{a^2}{4}} = 2\sqrt{\frac{a^2}{4}\left(\frac{b^2+c^2}{2} - \frac{a^2}{4}\right)}$$

$$\leqslant \left(\frac{b^2+c^2}{2} - \frac{a^2}{4}\right) + \frac{a^2}{4} = \frac{b^2+c^2}{2},$$

得

$$\cos\theta \geqslant \frac{c^2-b^2}{b^2+c^2}, \quad \sin\theta \leqslant \sqrt{1 - \left(\frac{c^2-b^2}{b^2+c^2}\right)^2} = \frac{2bc}{b^2+c^2}.$$

评注 本题结论上界精细.

49. 几何作图

过一定点 P 作一直线,将平面上一三角形面积平分.

分析 本题可化为更一般的形式,平面上有一定角 $\angle O$ 及一定点 P,过 P 作一直线与 $\angle O$ 两边交于 A、B,使 $S_{\triangle OAB}$ 为给定值.

解 为方便起见,设 P 在角内部(在外部完全同理).

如图 49.1 所示,假定 $\triangle OAB$ 已经作出,在 $\overset{\frown}{AB}$ 上找一点 Q,使 $\angle 1 = \angle 2$,Q 在 $\triangle OAB$ 的外接圆上. 易知 $\triangle OAP \backsim \triangle OQB$,于是 $OP \cdot OQ = OA \cdot OB = \dfrac{2S_{\triangle OAB}}{\sin\angle AOB}$ 为定值,于是 OQ 也是定值.

但 $\angle ABQ = \angle AOQ$ 也是定值.

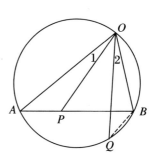

图 49.1

于是只需以 PQ 为弦、$\angle PBQ(=\angle AOQ)$ 为圆周角画圆,与 OB 直线交于 B 点即为所求.

当所作圆与 OB 直线有两个交点时,有两解;相切时,有一解;无交点时,即无解.

评注 本题似乎相当有名,至少很多人会问起,但其解答却不怎么容易见到.本题的最后部分的细节说明请读者补充.

50. 圆 规 作 图

平面上给定四点 A、B、C、D,记 $AB=a$,$CD=b$,不妨设 $a>b$,问如何仅用圆规作出 $a+b$? 也就是找到两点,使之距离为 $a+b$.

解 如图 50.1 所示(虚线指该线段未画出),如已有两点 M_1、M_2,$M_1M_2=a$,则用圆规作出正 $\triangle M_1M_2M_3$、正 $\triangle M_2M_3M_4$ 和正 $\triangle M_2M_4M_5$,于是,$2a$ 和 $\sqrt{3}a(=M_1M_4)$ 的距离也能作出了.

图 50.2 表明,如果 a、$b(a>b)$ 的距离存在,则 $\sqrt{a^2-b^2}$ 的距离能用圆规作出.

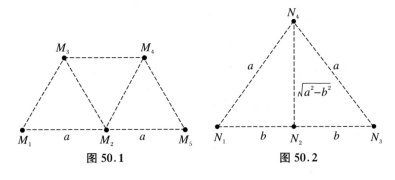

图 50.1　　　　图 50.2

顺序是先有 N_1、N_2，再按图 50.1 的方式作出 N_3，最后作出 N_4，于是 $N_2N_4 = \sqrt{a^2 - b^2}$.

这是本题的关键，由前知，$2a$ 和 $\sqrt{3}a$ 一旦作出，$\sqrt{2}a = \sqrt{(\sqrt{3}a)^2 - a^2}$ 的距离也能作出了！

如此一来，$\sqrt{2a^2 - b^2} = \sqrt{(\sqrt{2}a)^2 - b^2}$ 也能作出了！

最后我们来作出 $a + b$（其实 $a - b$ 也可作出）.

如图 50.3 所示，先有 K_1、K_2，再作出 K_3，再作出 K_4、K_5，于是 $K_4K_5 = a + b$ 即为所求！

易知 $a - b$ 也能作出.

评注 本题很有趣，也不容易，花费了作者一些时间，确定依次需要作出 $\sqrt{3}a$，$\sqrt{2}a$，$2b$，$\sqrt{a^2 - b^2}$，$\sqrt{2a^2 - b^2}$，最后作出 $a + b$（读者可计算其中用了

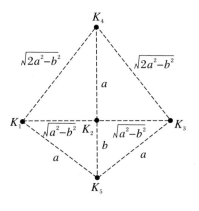

图 50.3

多少次圆规操作）. 平面几何中有名的莫尔－马斯凯罗尼定理说：一切尺规作图题都可以放弃直尺（如果不要求画直线，只要求作出给定点的话）. 关于本题超出直觉的是，看似简单的 $a + b$ 却并不简单，居然要先有 $\sqrt{a^2 - b^2}$，$\sqrt{2a^2 - b^2}$！

51．推广的命题不简单

不等边三角形△ABC 中，M 是 BC 的中点，$\angle B = n\angle C$，n 是一个大于 1 的整数（甚至可以是大于 1 的实数），$\angle AMB = \dfrac{\pi}{n+1}$，求证：$AB \perp AC$.

证明 下面先给出 $n = 2、3、5$ 时的证明（用角度制）.

当 $n = 2$ 时，即 $\angle AMB = 60°$.

如图 51.1 所示，作等腰梯形 ABCD，易知 $\angle DCA = \angle ACB$，故 $BA = AD = DC$. 又易知 $AM = DM$，$\angle AMB = \angle DMC = 60°$，$\angle AMD = 60°$，得正△AMD，故 $AM = AD = AB$，得正△ABM. 不难得 $AB \perp AC$.

当 $n = 3$ 时，即 $\angle AMB = 45°$.

如图 51.2 所示，作 $MK \perp BC$，K 在 AC 上，再作 $AE \perp KM$，$AF \perp BC$，得矩形 AFME. 易知 $\angle ABK = 2\angle C = \angle AKB$，$AB = AK$，又 $\angle AMB = 45°$，$AE = FM = AF$，△AEK ≌ △AFB，所以 $\angle BAF = \angle KAE$，$\angle BAC = \angle FAE = 90°$，如图 51.2 所示.

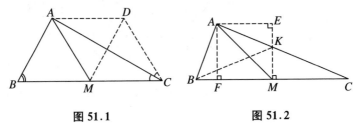

图 51.1　　　　　　图 51.2

但还有一点不该忽视,即万一 F 在 CB 延长线上呢? 下面证明这不可能.

这是因为 $\triangle ABF \cong \triangle AKE$ 仍成立, 且四边形 $AFME$ 是正方形. 这样 AM 就平分 $\angle BAC$, 得 $AB = AC$, 矛盾.

当 $n = 5$ 时, 即 $\angle AMB = 30°$.

如图 51.3 所示, 作 BC 的中垂线 MN, 且使 $AN \perp MN$, $\angle MAN = 30°$, $AN = \sqrt{3} MN$.

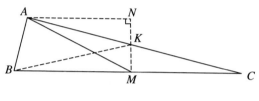

图 51.3

设 MN、AC 交于 K, 易知 $\angle ABK = 2\angle AKB$, 设 $AB = a$, $AK = b$, $BK = c$, 显然有 $AK > AB$, 记 $\dfrac{b}{a} = t > 1$. 易知 $\angle KAN = \angle KBM$(设为 θ), 则 $\angle AKB = 2\theta$, $\cos 2\theta = \dfrac{b}{2a} = \dfrac{t}{2}$. (延长 KB 至 D, 使 $AB = BD$ 并连 AD 即可, 这一过程图中略.)

此外, 还有 $b^2 - a^2 = ac$, $c = \dfrac{b^2 - a^2}{a}$, 又 $MN = NK + KM = b\sin\theta + c\sin\theta$, $AN = b\cos\theta$, 于是 $\sqrt{3}(b\sin\theta + c\sin\theta) = b\cos\theta$, 且

$$\tan\theta = \dfrac{b}{\sqrt{3}(b+c)} = \dfrac{b}{\sqrt{3}\left(b + \dfrac{b^2 - a^2}{a}\right)}$$

$$= \dfrac{ab}{\sqrt{3}(ab + b^2 - a^2)} = \dfrac{t}{\sqrt{3}(t^2 + t - 1)}.$$

于是，有
$$\frac{t}{2}=\cos 2\theta=\frac{1-\tan^2\theta}{1+\tan^2\theta}=\frac{3(t^2+t-1)^2-t^2}{3(t^2+t-1)^2+t^2},$$
整理，得
$$3t(t^2+t-1)^2+t^3=6(t^2+t-1)^2-2t^2,$$
或
$$3t^5-14t^3+2t^2+15t-6=0,$$
因式分解得 $(t-1)(t^2-3)(3t^2+3t-2)=0$，由于 $t>1$，故有 $t=\sqrt{3}$，即
$$\cos 2\theta=\frac{\sqrt{3}}{2}, \quad \theta=15°=\angle C, \quad \angle B=75°, \quad \angle BAC=90°.$$

对于一般的 n，看来是要运用微积分的工具了，尽管是很初步的运用．以下是证明（用弧度制）．

作等腰梯形 $ABCD$，其中 $AD \parallel BC$，N 是 AD 中点．设 $\angle ACB=\theta=\angle CAD$，易知 $\angle ACD=(n-1)\theta$，由正弦定理，$\frac{AD}{AC}=\frac{\sin(n-1)\theta}{\sin n\theta}$，而 $MN=AC\sin\theta$，故 $\frac{AD}{MN}=\frac{\sin(n-1)\theta}{\sin\theta\sin n\theta}$，而
$$\frac{MN}{AD}=\frac{MN}{2AN}=\frac{\tan\angle MAN}{2}=\frac{\tan\angle AMB}{2}=\frac{1}{2}\tan\frac{\pi}{n+1},$$

于是得主要方程
$$\frac{2\sin\theta\sin n\theta}{\sin(n-1)\theta}=\tan\frac{\pi}{n+1}, \tag{1}$$

这里显然有 $0<\theta<\frac{\pi}{n+1}$，为了方便讨论，我们把这个范围扩充到 $0\leqslant\theta\leqslant\frac{\pi}{n+1}$，其中由极限知当 $\theta=0$ 时，$\frac{2\sin\theta\sin n\theta}{\sin(n-1)\theta}=0$．

可以方便地算出，式(1)有两个解 $\theta=\frac{\pi}{2(n+1)}$，$\frac{\pi}{n+1}$，显

然，$\theta = \dfrac{\pi}{n+1}$ 是扩充出来的"增根"，接下去只要证明在 $0 \leqslant \theta \leqslant \dfrac{\pi}{n+1}$ 范围内没有别的根，证明就完成了.

为此，我们必须研究一些函数的增减性或单调性.

$$\frac{2\sin\theta\sin n\theta}{\sin(n-1)\theta} = \frac{\cos(n-1)\theta - \cos(n+1)\theta}{\sin(n-1)\theta},$$

求导得

$$\left(\frac{2\sin\theta\sin n\theta}{\sin(n-1)\theta}\right)' = \frac{n\cos 2\theta - \cos 2n\theta - n + 1}{\sin^2(n-1)\theta},$$

记 $f(\theta) = n\cos 2\theta - \cos 2n\theta - n + 1$，则

$$f'(\theta) = -2n\sin 2\theta + 2n\sin 2n\theta$$
$$= 4n\sin(n-1)\theta\cos(n+1)\theta,$$

显然当 $0 < \theta < \dfrac{\pi}{2(n+1)}$ 时，$f'(\theta) > 0$；当 $\dfrac{\pi}{2(n+1)} < \theta < \dfrac{\pi}{n+1}$ 时，$f'(\theta) < 0$；当 $\theta = 0, \dfrac{\pi}{2(n+1)}$ 时，$f'(\theta) = 0$.

这表明，$f(\theta)$ 先增后减，而 $f(0) = 0$，显然必有 $f\left(\dfrac{\pi}{n+1}\right) < 0$，这是因为

$$f\left(\frac{\pi}{n+1}\right) < 0 \Leftrightarrow n\cos\frac{2\pi}{n+1} - \cos\frac{2n\pi}{n+1} - n + 1 < 0$$
$$\Leftrightarrow (n-1)\cos\frac{2\pi}{n+1} - n + 1 < 0$$
$$\Leftrightarrow \cos\frac{2\pi}{n+1} < 1.$$

故而确保 θ 的函数 $\dfrac{2\sin\theta\sin n\theta}{\sin(n-1)\theta}$ 先增后减，因此式(1)只有两个解 $\theta = \dfrac{\pi}{2(n+1)}, \dfrac{\pi}{n+1}$.

现在回到原来的定义域 $0 < \theta < \dfrac{\pi}{n+1}$，得 $\theta = \dfrac{\pi}{2(n+1)}$，由此不难得到结论 $AB \perp AC$.

评注 这个问题，当 $n = 2、3$ 时，用纯几何方法，且甚为巧妙；而当 $n = 5$ 的时候，则需要一点计算量，而对于一般的甚至是大于 1 的实数 n，这时就只能运用计算的法则了（耐人寻味的是，一般的情形，也是借助于 $n = 2$ 时的纯几何方法）.

52. 整数几何题 1——凸四边形问题

凸四边形的每条边和对角线长都是正整数，且对角线垂直，求证：该四边形的面积也是正整数.

证明 如图 52.1 所示，设 AC、BD 交于 P. 用反证法，假设 AC、BD 均为奇数.

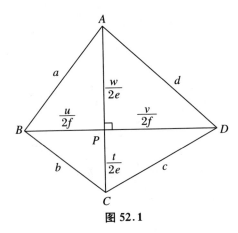

图 52.1

设 $AB = a, BC = b, CD = c, DA = d, AC = e, BD = f$，$e$、$f$ 为奇数.

$$BP + PD = f,$$
$$BP^2 - PD^2 = BC^2 - CD^2 = b^2 - c^2,$$
$$BP - PD = \frac{b^2 - c^2}{f},$$

故可设 $BP = \dfrac{u}{2f}, PD = \dfrac{v}{2f}$，同理 $AP = \dfrac{w}{2e}, CP = \dfrac{t}{2e}$，这里 u、v、w、t 均为正整数. $u + v = 2f^2, w + t = 2e^2$. 由对称性，分三种情况.

(1) u、v、w、t 均为偶数，设 $u = 2u_1, v = 2v_1, w = 2w_1, t = 2t_1$，则 $BP = \dfrac{u_1}{f}, PD = \dfrac{v_1}{f}, AP = \dfrac{w_1}{e}, CP = \dfrac{t_1}{e}, u_1 + v_1 = f^2, w_1 + t_1 = e^2$，不妨设 u_1、w_1 为奇数，于是由 $a^2 = AP^2 + BP^2 = \left(\dfrac{w_1}{e}\right)^2 + \left(\dfrac{u_1}{f}\right)^2$，得

$$(aef)^2 = (w_1 f)^2 + (u_1 e)^2 \equiv 1 + 1 = 2 \pmod{4},$$

不可能.

(2) u、v、w、t 均为奇数，$a^2 = AP^2 + BP^2 = \left(\dfrac{w}{2e}\right)^2 + \left(\dfrac{u}{2f}\right)^2$，得

$$4(aef)^2 = (wf)^2 + (ue)^2 \equiv 2 \pmod{4},$$

亦不可能.

(3) u、v 为偶数，w、t 为奇数. 设 $u = 2u_1$，有 $a^2 = AP^2 + BP^2 = \left(\dfrac{w}{2e}\right)^2 + \left(\dfrac{u_1}{f}\right)^2$，得

$$4(aef)^2 = (wf)^2 + 4(u_1e)^2,$$

左式为偶数但右式是奇数,矛盾.

因此假设不成立,e、f 至少有一个是偶数,四边形面积 $= \frac{1}{2}ef$ 为正整数.

评注 本题对数论的要求较高,几何知识则仅限于勾股定理,注意对于任何题目,如何设参数也是十分讲究的.

53. 整数几何题 2——两个等腰三角形

两个不全等等腰三角形边长均为整数,周长和面积均相等,求最小周长,如果还要求面积也是整数,求最小面积.

解 如图 53.1 和图 53.2 所示,设两等腰三角形腰长分别为 b_1、b_2,不妨设 $b_2 > b_1$;底边长分别为 $2a_1$、$2a_2$(注意 a_1、a_2 未必是整数),$a_2 < a_1$. 由条件

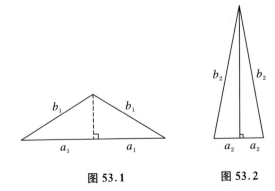

图 53.1　　　　图 53.2

53. 整数几何题2——两个等腰三角形

$$\begin{cases} a_1 + b_1 = a_2 + b_2, \\ a_1 \sqrt{b_1^2 - a_1^2} = a_2 \sqrt{b_2^2 - a_2^2}, \end{cases}$$

于是得

$$a_1 \sqrt{b_1 - a_1} = a_2 \sqrt{b_2 - a_2}.$$

设 $a_1 + b_1 = a_2 + b_2 = t$,上式变为

$$a_1 \sqrt{t - 2a_1} = a_2 \sqrt{t - 2a_2},$$

即

$$a_1^2(t - 2a_1) = a_2^2(t - 2a_2), \quad 2a_2^3 - 2a_1^3 = (a_2^2 - a_1^2)t,$$

约去 $a_2 - a_1$,得 $2(a_1^2 + a_1 a_2 + a_2^2) = t(a_2 + a_1)$,则

$$t = \frac{2(a_1^2 + a_1 a_2 + a_2^2)}{a_1 + a_2} = \frac{2(a_1 + a_2)^2 - 2a_1 a_2}{a_1 + a_2}$$

$$= 2(a_1 + a_2) - \frac{2a_1 a_2}{a_1 + a_2}.$$

由于 $t = a_1 + b_1 > 2a_1$,故必须有

$$2(a_1 + a_2) - \frac{2a_1 a_2}{a_1 + a_2} > 2a_1 \Leftrightarrow 2a_2 > \frac{2a_1 a_2}{a_1 + a_2}$$

$$\Leftrightarrow 1 > \frac{a_1}{a_1 + a_2},$$

此式显然成立.

同理,$t > 2a_2$,因此,只要有 $t = 2(a_1 + a_2) - \frac{2a_1 a_2}{a_1 + a_2}$,就必有解——注意此时两个等腰三角形具有不全等、周长相等、面积相等的特点,但还不能保证边长是整数乃至面积为整数,下面来研究之.

$$\text{周长} = 2t = 2(2a_1 + 2a_2) - \frac{2(2a_1)(2a_2)}{2a_1 + 2a_2}$$

$$= 2(x + y) - \frac{2xy}{x + y},$$

这里 $x > y$ 为正整数.

注意 $b_1 = (x+y) - \dfrac{xy}{x+y} - \dfrac{x}{2}$ 为正整数,$b_2 = (x+y) - \dfrac{xy}{x+y} - \dfrac{y}{2}$ 也是正整数.两式相减,得 $2 \mid y-x$,即 x、y 同奇偶.

设 $(x,y) = k, x = kp, y = kq, (p,q) = 1, p > q$.

(1) 若 x、y 同为偶数,则 $x + y \mid xy \Rightarrow p + q \mid kpq$,因 $(p+q, pq) = 1$,故 $p + q \mid k$,且 $2 \mid k$.设 $k = m(p+q)$,则周长 $= 2m(p^2 + pq + q^2)$,显然,若 $2 \mid p + q$,则 $m \geqslant 1$,周长 $\geqslant 2(p^2 + pq + q^2) \geqslant 2(1^2 + 1 \times 3 + 3^2) = 26$.

若 $2 \nmid p+q$,则 $2 \mid m, m \geqslant 2$,周长 $\geqslant 4(1^2 + 1 \times 2 + 2^2) = 28$.

(2) 若 x、y 同为奇数,则 $\dfrac{xy}{x+y} + \dfrac{1}{2}$ 为整数,即 $\dfrac{2xy}{x+y} = \dfrac{2kpq}{p+q}$ 为奇数,或 $\dfrac{kpq}{\dfrac{p+q}{2}}$ 是奇数,由于 $\left(pq, \dfrac{p+q}{2}\right) = 1$,故 $\dfrac{p+q}{2} \mid k, k = \dfrac{u(p+q)}{2}$,此处 u 为一奇数,k 也是奇数.这样便有 $\dfrac{p+q}{2} \geqslant 3$.

周长 $= u(p^2 + pq + q^2) \geqslant p^2 + pq + q^2 \geqslant \dfrac{3}{4}(p+q)^2 \geqslant 27$.

综上,最小周长是 26,此时三角形三边长分别为 $(7,7,12)$,$(11,11,4)$,面积为 $6\sqrt{13}$.若要面积也是正整数,下面求其最小值.

显然,此时 $\sqrt{b_1^2 - a_1^2}$ 是一个有理数,而

53. 整数几何题 2——两个等腰三角形

$$\sqrt{b_1^2 - a_1^2} = \sqrt{\left[\frac{x}{2} + y - \frac{xy}{x+y}\right]^2 - \left(\frac{x}{2}\right)^2}$$

$$= \sqrt{\left(x + y - \frac{xy}{x+y}\right)\left(y - \frac{xy}{x+y}\right)}$$

$$= \frac{y}{x+y}\sqrt{x^2 + xy + y^2},$$

易知 $x^2 + xy + y^2$ 是完全平方数, 而面积为

$$\frac{xy}{2(x+y)}\sqrt{x^2 + xy + y^2} = \frac{k^2 pq}{2(p+q)}\sqrt{p^2 + pq + q^2},$$

由前知当 $2 \mid p+q$ 时 $\frac{p+q}{2}\big| k$, 故面积 $\geq \frac{pq(p+q)}{8}$ · $\sqrt{p^2 + pq + q^2}$, 且当 $2 \nmid p+q$ 时, $p+q \mid k$, 面积 $\geq \frac{pq(p+q)}{2}$ · $\sqrt{p^2 + pq + q^2}$, $p^2 + pq + q^2$ 是平方数, 它有最小一组解 $(p, q) = (5, 3)$, 如就取 $(p, q) = (5, 3)$, 则 $4 \mid k$, 若 $k = 4$, 则 $x = 20$, $y = 12$, $b_1 = 14.5$, 舍去; 故 k 至少是 8, 面积 $\geq \frac{8^2 \times 3 \times 5}{2 \times (3+5)}\sqrt{49}$ $= 420$, 取到时三角形三边长分别为 $(29, 29, 40)$, $(37, 37, 24)$, 周长为 98.

当 $q \geq 5$ 时, 若 $p = q + 1$, 则面积 $\geq \frac{5 \times 6 \times 11}{2}\sqrt{91} > 420$, 否则 $p \geq 7$, 面积 $\geq \frac{5 \times 7 \times 12}{8}\sqrt{109} > 420$. 故只需讨论 $q = 1, 2, 3, 4$ 的情形. 易知 $q = 1, 2$ 时无解, $q = 3$ 时, $p^2 + 3p + 9$ 是平方数, $(2p+3)^2 + 27 = (2n)^2$, 即

$$\begin{cases} 2n + 2p + 3 = 27 \\ 2n - 2p - 3 = 1 \end{cases} \text{ 或 } \begin{cases} 2n + 2p + 3 = 9, \\ 2n - 2p - 3 = 3, \end{cases}$$

$p = 5$ 或 0(舍去).

当 $q=4$ 时,$p^2+4p+16$ 是平方数,设 $(p+2)^2+12=n^2$,$(n+p+2)(n-p-2)=12$,由于 $n+p+2, n-p-2$ 同偶,故 $\dfrac{n+p+2}{2} \cdot \dfrac{n-p-2}{2}=3$,故

$$\begin{cases} n+p+2=6, \\ n-p-2=2, \end{cases} p=0(舍去).$$

综上,最小面积为 420.

评注 此题的结论有点出乎意料,似乎不应该如此地"松",两等腰三角形竟能满足那么多的条件,但是"不算不知道",只有细致地进行讨论,才能得出正确的结果.

54. 整数几何题 3——"好的"平行四边形

一个平行四边形 $ABCD$ 称为"好的",仅当 AB、AD 上分别存在 F、E,如图 54.1 所示,使 $S_{\triangle AEF}$、$S_{\triangle CEF}$、$S_{\triangle CED}$、$S_{\triangle BCF}$ 均为正整数,求证:对任意正整数 n,存在一个"好的"平行四边形其面积为 n,当且仅当 $n/2$ 为合数.

证明 设 $S_{\triangle ECD}=S_1$,$S_{\triangle AEF}=S_2$,$S_{\triangle BFC}=S_3$,$x=\dfrac{1}{2}S_{\Box ABCD}$. S_1、S_2、S_3、$S_{\Box ABCD}$ 均为正整数.

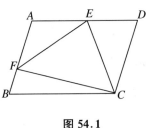

图 54.1

易知 $\dfrac{S_{\triangle AEF}}{S_{\triangle ADF}}=\dfrac{AE}{AD}=\dfrac{S_{\triangle AEC}}{S_{\triangle ADC}}$,而

$$S_{\triangle ADF} = S_{\square ABCD} - S_{\triangle FCD} - S_{\triangle FBC} = x - S_3,$$

于是有

$$\frac{S_2}{x - S_3} = \frac{x - S_1}{x}, \quad (x - S_1)(x - S_3) = xS_2,$$

则 $x^2 - (S_1 + S_2 + S_3)x + S_1 S_3 = 0$,若 x 不是整数,则 x 是奇数的一半,但 $2x^2 = 2(S_1 + S_2 + S_3)x - 2S_1 S_3$,上式左边不是整数而右边却是,矛盾! 故 x 为正整数.

易知 $x | S_1 S_3$,若 x 是素数,则 $x | S_1$ 或 S_3,但 $x > S_1, S_3$,矛盾! 故 x 为合数.

反之,若 x 为合数,记 $x = pq, p、q > 1$,构造如下:

$$S_1 = p, \quad S_3 = q, \quad S_2 = (p-1)(q-1),$$
$$S_{\triangle CEF} = pq - 1, \quad S_{\square ABCD} = 2pq.$$

评注 本题是非常典型的综合题,对几何、数论、代数均有些要求. 此外,与前一题一样,对于如何设置参数、如何进行运算较为讲究(尤其是引入平行四边形面积的一半,先证明它是正整数). 如果运算方法不当,轻则走弯路,重则陷泥潭. 本题是近年来的新结果. 最后请读者进一步思考,如果要求 4 个三角形面积为两两不等的整数,则平行四边形 $ABCD$ 的最小面积是 16.

55. 整数几何题 4——三角形的面积

设 $\triangle ABC$ 内有一点 P,延长 $AP、BP、CP$ 与对边相交,得 6 个小三角形,如图 55.1 所示,若这 6 个小三角形的面积都是整

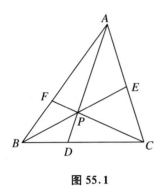

图 55.1

数且不全相等,求 $\triangle ABC$ 面积的最小值.

解 先证明 $S_{\triangle ABC} \geqslant 12$. 不妨设 $S = S_{\triangle BPC} \leqslant S_{\triangle APB}, S_{\triangle APC}$, 分几种情况.

(1) 若 $S \geqslant 4$, 则 $S_{\triangle ABC} \geqslant 12$.

(2) 若 $S = 3$, 不妨设 $S_{\triangle BPD} = 1$, $S_{\triangle DPC} = 2$, 则 $\dfrac{S_{\triangle APC}}{S_{\triangle APB}} = \dfrac{CD}{BD} = 2$, 而 $S_{\triangle APB} \geqslant 3$, 故

$S_{\triangle APC} \geqslant 6$, $S_{\triangle ABC} \geqslant 3 + 3 + 6 = 12$.

(3) 若 $S = 2$, 则 $S_{\triangle BPD} = S_{\triangle CPD} = 1, BD = DC$.

由塞瓦定理易知 $EF \parallel BC, S_{\triangle APB} = S_{\triangle APC}, S_{\triangle FBP} = S_{\triangle ECP}$, 不妨设 $S_{\triangle APF} = S_{\triangle APE} = x, S_{\triangle BPF} = S_{\triangle CPE} = y$, 则由面积比易知 $\dfrac{x+y}{2} = \dfrac{x}{y} = \dfrac{y}{2-y} > 0$, 故 $y = 1, x = 1$, 舍去.

图 55.2 的例子给出 $\min S_{\triangle ABC} = 12$.

评注 本题从 $\triangle APB, \triangle BPC, \triangle CPA$ 入手, 不是很容易想到, 但首先猜到最小值 12 是必要的. 更进一步, 有例子表明 6 个小三角形面积可以是全不相等的整数, 如图 55.3 所示, 但我们目前还不知道怎么可以简洁地说明总面积 60 是最小的解.

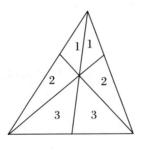

图 55.2

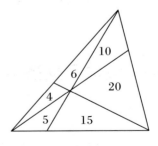

图 55.3

56. 整数几何题 5——整边三角形

对于任意正整数 $n(n>1)$，均有这样的三角形存在，满足：(1) 这个三角形的每边长均为正整数；(2) 其中有一个内角是另一个内角的 n 倍. 若记这种三角形的最小周长为 $f(n)$，则 $f(2)=15, f(3)=21, f(4)=217, f(n) > \dfrac{2(n+1)^{2n}}{\pi^{2n}}$.

证明 先证明 $f(2)=15$.

设有 $\triangle ABC, AB=c, CA=b, BC=a, \angle B=2\angle C$，延长 AB 至 D，使 $BD=BC$，易知

$$\angle B=2\angle C \Leftrightarrow \angle D=\angle ACB \Leftrightarrow b^2=c(a+c).$$

设 $(a,c)=k, a=ks, c=kt, (s,t)=1$，则易知 $k\mid b$，设 $b=kr, b^2=c(a+c) \Rightarrow r^2=t(s+t)$，由 $(s,t)=1 \Rightarrow (t,s+t)=1$，故设 $t=m^2, s+t=n^2, r=mn$，为使 $\triangle ABC$ 最小，必须 $k=1, n>m$，于是

$$a=n^2-m^2, \quad b=mn, \quad c=m^2,$$

$a<b+c \Rightarrow n^2-m^2<mn+m^2 \Rightarrow n-m<m \Rightarrow n<2m$，故 $m<n<2m, m\neq 1$，所以 $m\geq 2, n\geq 3$，易知 $a\geq 5, b\geq 6, c\geq 4$，易知 $a=5, b=6, c=4$ 时，满足要求，故 $f(2)=15$.

再证明 $f(3)=21$.

设有 $\triangle ABC$, $\angle B = 3\angle C$, 在 AC 上找一点 D, 使 $\angle DBC = \angle C$, 则 $\angle ABD = \angle ADB$, $AD = AB = c$, $BD = CD = b - c$, 由 $\cos\angle ADB + \cos\angle BDC = 0$, 知

$$\frac{b-c}{2c} + \frac{2(b-c)^2 - a^2}{2(b-c)^2} = 0 \Rightarrow \frac{b+c}{c} = \frac{a^2}{(b-c)^2},$$

得 $a^2 c = (b+c)(b-c)^2$, 此为齐次式, 易知为周长最小, 有 $(a, b, c) = 1$. 设 $(b, c) = k$, $b = ks$, $c = kt$, $(s, t) = 1$, $s > t$, 得 $a^2 t = k^2(s+t)(s-t)^2$, $\dfrac{a^2}{k^2(s-t)^2} = \dfrac{s+t}{t}$, $\dfrac{s+t}{t}$ 是既约分数, 故 $s + t$、t 均为平方数.

设 $t = l^2$, $s + t = n^2$, $s = n^2 - l^2$, $\dfrac{a}{k(n^2 - 2l^2)} = \dfrac{n}{l}$, $(n, l) = 1$, 设 $\dfrac{a}{n} = \dfrac{k(n^2 - 2l^2)}{l} = w$, w 为一正整数. 由 $(l, n^2 - 2l^2) = 1$, $l \mid k$, 设 $k = ul$, 知

$$\frac{a}{n} = u(n^2 - 2l^2) \Rightarrow a = un(n^2 - 2l^2),$$

又

$$b = uls = ul(n^2 - l^2), \quad c = ult = ul^3,$$

由 $(a, b, c) = 1$, 得 $u = 1$, $a = n(n^2 - 2l^2)$, $b = l(n^2 - l^2)$, $c = l^3$.

若 $l = 1$, 则 $a = b \Rightarrow n^3 - 2n = n^2 - 1 \Rightarrow n \mid 1 \Rightarrow n = 1$, 舍去.

若 $l = 2$, 则 $n^2 > 2l^2 \Rightarrow n \geq 3$, $a \geq 3$, $b \geq 10$, $c \geq 8$, $a + b + c \geq 21$.

若 $l \geq 3$, 则 $c \geq 27$, $a + b + c > 54$, 舍去.

综上, 当 $a = 3$, $b = 10$, $c = 8$ 时, $f(3) = 21$.

再证明 $f(4) = 217$. 我们采用一种比较新的方法.

56. 整数几何题 5——整边三角形

如图 56.1 所示，设 $BC = CD = DE = EF = FA = a$，$AB = c$，$AC = b$，$AD = d$，$AE = e$.（注意 d、e 未约定是整数.）有一常见结论：$AF + AD = 2AE\cos\theta$（当然其他几个也成立），即 $a + d = 2e\cos\theta$，易知 $\cos\theta = \dfrac{e}{2a}$，故 $d = \dfrac{e^2}{a} - a$，同理

$$b = 2d\cos\theta - e = \dfrac{de}{a} - e = \dfrac{e^3}{a^2} - 2e,$$

$$c = 2b\cos\theta - d = \dfrac{be}{a} - \dfrac{e^2}{a} + a = \dfrac{e^4}{a^3} - \dfrac{3e^2}{a} + a,$$

当然这些式子也可反复利用托勒密定理得出.

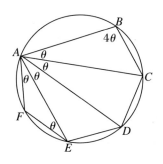

图 56.1

由于 a、b、c 为正整数，故 $\cos\theta$ 是有理数，e、d 也是有理数. 反之，由 a、e 出发，可以算出 b、c，即使 b、c 非整数，也可以与 a 同乘一系数，成为整数. 因此，这一递推方法不仅提供了 $n = 4$ 的情形，也对一般的 n，证明了满足(1)和(2)的三角形之存在性（留给读者思考）.

下面继续求 $f(4)$.

设 $e = \dfrac{p}{q}$，$(p, q) = 1$，p、$q > 0$，则

$$b = \frac{p^3}{a^2 q^3} - \frac{2p}{q} = \frac{p^3 - 2pa^2 q^2}{a^2 q^3},$$

则

$$q \mid p^3 - 2pa^2 q^2 \Rightarrow q \mid p^3 \Rightarrow q = 1,$$

故 e 也是正整数!

于是由前 b、c 的表达式知

$$a^2 \mid e^3 \Rightarrow a^2 \mid e^4 \Rightarrow a \mid e^2 \Rightarrow a^3 \mid e^4.$$

又

$$5\theta < 180°, \quad \theta < 36°, \quad \frac{e}{2a} > \cos 36° \Rightarrow \frac{e}{a} > \frac{\sqrt{5}+1}{2}.$$

设 $(a, e) = k, a = ks, e = kt, (s, t) = 1, \dfrac{t}{s} > \dfrac{1+\sqrt{5}}{2}, a^3 \mid e^4$

$\Rightarrow k^3 s^3 \mid k^4 t^4 \Rightarrow s^3 \mid k$,设 $k = ms^3$,则

$$a = ms^4, \quad e = ms^3 t,$$
$$b = mst^3 - 2ms^3 t = mst(t^2 - 2s^2),$$
$$c = mt^4 - 3ms^2 t^2 + ms^4,$$

显然要求 $(a, b, c) = 1$,故 $m = 1$,得

$$\begin{cases} a = s^4, \\ b = st(t^2 - 2s^2), \\ c = t^4 - 3s^2 t^2 + s^4. \end{cases}$$

若 $s = 1$,则 $b = c \Rightarrow t(t^2 - 2) = t^4 - 3t^2 + 1 \Rightarrow t \mid 1 \Rightarrow t = 1$,舍去.

若 $s = 2$,则 $a = 16, b = 2t^3 - 16t, c = t^4 - 12t^2 + 16$,此时 $t > 1 + \sqrt{5} \Rightarrow t \geq 4$,于是由 $c < a + b$ 知

$$4t^3 - 12t^2 + 16 \leqslant t^4 - 12t^2 + 16 < 2t^3 - 16t + 16$$
$$\Rightarrow t^2 - 6t + 8 < 0$$
$$\Rightarrow (t-2)(t-4) < 0 \Rightarrow t = 3,$$

矛盾!

若 $s = 3, t \geqslant 5$. 当 $t = 5$ 时, $a = 81, b = 105, c = 31$. 此时 $a + b + c = 217, \theta \approx 33.5°$.

若 $s \geqslant 4$, 则 $a + b + c \geqslant 4^4 = 256$.

综上, $f(4) = 217$.

最后,我们来证明不等式 $f(n) > \dfrac{2(n+1)^{2n}}{\pi^{2n}}$.

如图 56.2 所示,设 $A_1A_2 = A_2A_3 = \cdots = A_{n+1}A_{n+2} = a$,设 $A_1A_3 = b$, $A_1A_i = d_i$ ($i = 4, 5, \cdots, n+2$), 易知若 $\angle A_{n+1}A_1A_{n+2} = \theta$, 则 $\angle A_{n+2} = n\theta$.

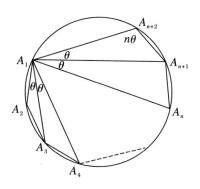

图 56.2

若 $\triangle A_1A_{n+1}A_{n+2}$ 是整边三角形,则由前推导知 b 及 d_i ($4 \leqslant i \leqslant n$) 均为有理数.

$\cos\theta = \dfrac{b}{2a}$,下列递推式仍然成立(约定 $d_2 = a, d_3 = b, d_1 = 0$):

$$d_{i+1} + d_{i-1} = 2d_i \cos\theta = \dfrac{bd_i}{a}, \quad i = 3, 4, 5, \cdots, n+1,$$

$$d_4 = \dfrac{b^2}{a} - a, \quad d_5 = \dfrac{b}{a}d_4 - d_3 = \dfrac{b^3}{a^2} - 2b.$$

一般地

$$d_j = \dfrac{f_j(b)}{a^{j-3}}, \quad j = 4, 5, \cdots, n+2,$$

$f_j(b)$ 是 b 的 $j-2$ 次整系数多项式,且 b^{j-2} 的系数是 1. 设 $b = \dfrac{p}{q}$ (p、$q > 0$),$(p, q) = 1$,由于 d_{n+1} 为正整数,易知

$q^{n-2}f_{n+1}(b)$ 为一整数 $\Rightarrow q \mid p^{n-1} \Rightarrow q = 1, b$ 为正整数.

易知

$$d_{n+2} = \dfrac{b^n}{a^{n-1}} + s_{n-1}\dfrac{b^{n-1}}{a^{n-2}} + s_{n-2}\dfrac{b^{n-2}}{a^{n-3}} + \cdots + s_2\dfrac{b^2}{a} + s_1$$

$$= k\left(\dfrac{t^n}{r^{n-1}} + s_{n-1}\dfrac{t^{n-1}}{r^{n-2}} + \cdots + s_2\dfrac{t^2}{r} + s_1\right),$$

这里 $s_1, s_2, \cdots, s_{n-1}$ 是整数,$(a, b) = k$,$a = kr$,$b = kt$,$(r, t) = 1$. $b < 2a \Rightarrow t < 2r$,易知 $r > 1$.

下证 $r^{n-1} \mid k$,用反证法,若 $k = wr^m$,$0 \leqslant m \leqslant n-2$,$r \nmid w$. 易知 $r^{n-m-2}d_{n+2} = \dfrac{wt^n}{r} + u_1$,此处 u_1 为整数. 由于 $(r, t) = 1$,故 $r \mid w$,矛盾!于是 $r^{n-1} \mid k$,设 $k = ur^{n-1}$,$a = ur^n$,$b = ur^{n-1}t$,$t < 2r \Rightarrow t \leqslant 2r - 1$,又 $(n+1)\theta < \pi$,$\theta < \dfrac{\pi}{n+1}$,故有

$$1 - \frac{1}{2r} = \frac{2r-1}{2r} \geqslant \frac{t}{2r} = \cos\theta,$$

$$\frac{1}{2r} \leqslant 1 - \cos\theta = 2\sin^2\frac{\theta}{2} < \frac{\theta^2}{2} < \frac{\pi^2}{2(n+1)^2},$$

$$r > \frac{(n+1)^2}{\pi^2},$$

于是

$$\triangle A_1 A_{n+1} A_{n+2} \text{ 的周长} > 2a \geqslant 2r^n > \frac{2(n+1)^{2n}}{\pi^{2n}}.$$

此即 $f(n) > \frac{2(n+1)^{2n}}{\pi^{2n}}$.

注意本题中几个部分的字母相互独立. 若无指出, 引进的新字母均为整数.

评注 这是一道可能很多人想过、又想知道答案的有趣题目, 但有一定难度. 本题再次见证了最大公约数(或"互质")的巨大威力, 在求 $f(n)$ 的过程中似乎告诉我们有一边长为 n 次方数, 这一论断是否属实, 留给读者思考. 存在性其实只需用万能公式即可, 但求最小周长实属不易, 更超越直觉的是, $f(8) > 4 \times 10^7$, $f(10) > 1.5 \times 10^{11}$, $f(20) > 2 \times 10^{33}$! 读者可进一步考虑, 是否一定有 $f(n) > \frac{2e^2 n^{2n}}{\pi^{2n}}$, 是否一定有 $f(n) \sim \frac{2e^2 n^{2n}}{\pi^{2n}}$?

57. 自身相交的折线

一条自身相交的闭折线, 共 n 节, 任一段恰好与另外某一段内部相交(即交点不是两条线段中任一条的任一端点),则 $n \geqslant 6$.

证明 由于每个交点对应一对线段,故 n 为偶数.

显然 $n \neq 2$,下面否定 $n = 4$.

若 $n = 4$,则它有 4 个节点.

设 A_1A_3、A_2A_4 在内部相交,如图 57.1 所示. 但此闭折线已不能有新的节点 A_5,故只能是连 A_1A_4、A_2A_3,或 A_1A_2、A_3A_4,不满足要求.

$n = 6$ 的例子如图 57.2 所示.

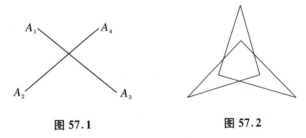

图 57.1　　　　　图 57.2

58. 三角形的划分 1

可以把两个直角三角形分别划分成两个三角形,使之对应相似.

解法一 如图 58.1 所示,作 $\angle 6 = \angle 1$,$\angle 2 = \angle 5$ 即可,易知有

$$\triangle ABD \backsim \triangle B_1A_1D_1, \quad \triangle DBC \backsim \triangle D_1C_1B_1.$$

58. 三角形的划分 1

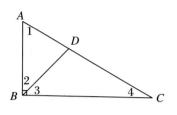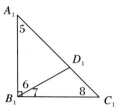

图 58.1

解法二 如图 58.2 所示，$\angle B = \angle B_1 = 90°$，不妨设 $\angle A > \angle A_1$，$\angle C_1 > \angle C$，作 $\angle 1 = \angle A_1$，$\angle 2 = \angle C$ 即可（注意 $\angle A$ 即 $\angle BAC$，$\angle C_1$ 即 $\angle A_1 C_1 B_1$）.

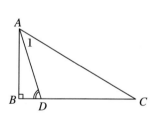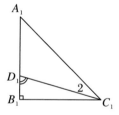

图 58.2

评注 两种划分法哪种更好呢？一下子似乎看不出来，其实，从下列命题可以看出，第二种划分法更好些. 这个命题是：可以把任意两个三角形分别划分成 3 个三角形，使之对应相似. 那么，对于任意两个三角形，"3"可否降为"2"？不可以，因为有反例：一个等腰直角三角形，一个正三角形. 以下给出证明（这就把问题给彻底解决了）.

首先，注意解法二的要求比解法一的"宽"，解法一要求 $\angle ABC = \angle A_1 B_1 C_1 = 90°$，而解法二只需 $\angle ABC = \angle A_1 B_1 C_1$.

对于任意 $\triangle ABC$、$\triangle A_1B_1C_1$,若 $\angle ABC = \angle A_1B_1C_1$,则问题已解决,不妨设 $\angle ABC > \angle A_1B_1C_1$,易知此时 $\angle BAC \geqslant \angle B_1A_1C_1$ 及 $\angle ACB \geqslant \angle A_1C_1B_1$ 不能都成立,否则会有 $180° > 180°$,矛盾!不妨设 $\angle A_1C_1B_1 > \angle ACB$.

如图 58.3 所示,作 $\angle 1 = \angle B_1$,$\angle 2 = \angle C$,则 $\angle ADB = \angle A_1D_1C_1$.

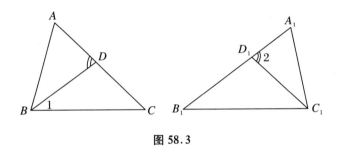

图 58.3

已经有 $\triangle DBC \backsim \triangle D_1B_1C_1$,对于 $\triangle ADB$、$\triangle A_1D_1C_1$,再按解法二进行划分即可.

下证不可能将一个等腰直角三角形、一个正三角形分别划分成两个三角形,使之对应相似.

易知,将正三角形划分出的两个三角形中,要么是两个直角三角形,要么是一个锐角三角形,一个钝角三角形.

现在来看等腰直角三角形.

如果从一个底角划分,则两个三角形一个是直角三角形,一个是钝角三角形,不满足要求.

如果从顶角(90°)划分,这两个三角形的 6 个内角中必须出现两个 60°,然而易知此不可能.

59. 三角形的划分 2

一正三角形以任意方式被划分（划分就是既无空隙也不重叠）成一些小正三角形，求证：其中必有两个全等的；对于非正三角形的三角形来说，则可将其划分成一些与之相似然而却无全等的小三角形．

证明 对于正三角形的情形，用反证法，假设无全等小三角形．

称图 59.1 中的构形（及其对称）为"基本型"，其中 $\triangle PQR$ 是正三角形，图中所有边都是划分线，$PM \parallel NR$．图 59.2 表明，小的正三角形基本型将导致更小的正三角形基本型（图中所有边均为划分线），但正三角形仅有有限个，矛盾．最后说明一开始就会产生"基本型"．如图 59.3 所示，设我们划分的是正 $\triangle ABC$，则由 $\angle B$ 处的小正三角形，即知"基本型"之存在．

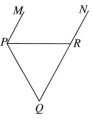

图 59.1

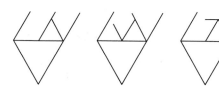

图 59.2

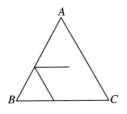

图 59.3

对于非正三角形的三角形,我们证明,可将其划分成 6 或 8 个与之相似然无全等的小三角形.

如图 59.4 所示,不妨设 $AB > AC$, $\angle C > \angle B$,设 $AB = c$, $AC = b$, $BC = a$.

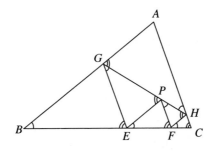

图 59.4

作 $\triangle AGH \backsim \triangle ACB$(反相似),$E$、$F$、$P$ 满足 $GE /\!/ PF /\!/ AC$,$HF /\!/ PE /\!/ AB$. 下面来求 G、H 的位置.

设 $AG = kb$,$AH = kc$,$k < 1$,则 $GH = ka$. 且

$$GE = \frac{BG}{AB} \cdot AC = \frac{c - kb}{c} \cdot b, \quad \frac{GP}{GE} = \frac{BC}{AB} = \frac{a}{c},$$

$$GP = \frac{ab(c - kb)}{c^2},$$

又

$$HF = \frac{CH}{AC} \cdot AB = \frac{b-kc}{b} \cdot c, \quad \frac{PH}{HF} = \frac{BC}{AC} = \frac{a}{b},$$

$$PH = \frac{ac(b-kc)}{b^2},$$

注意这里要求 $k < \frac{b}{c}, \frac{c}{b}$.

其次,还有 $GP + PH = GH$,即

$$\frac{ab(c-kb)}{c^2} + \frac{ac(b-kc)}{b^2} = ka,$$

或 $\quad k = \dfrac{\dfrac{b}{c} + \dfrac{c}{b}}{\left(\dfrac{b}{c}\right)^2 + \left(\dfrac{c}{b}\right)^2 + 1},$

$k < \dfrac{b}{c} \Leftrightarrow 1 + \left(\dfrac{c}{b}\right)^2 < 1 + \left(\dfrac{b}{c}\right)^2 + \left(\dfrac{c}{b}\right)^2,$ 同理 $k < \dfrac{c}{b}.$

问题到此似已结束,其实不然. 注意到

$$S_{\triangle AGH} > S_{\triangle EPG} > S_{\triangle PFE} > S_{\triangle FHP} > S_{\triangle HCF},$$
$$S_{\triangle GEB} > S_{\triangle EPG} > S_{\triangle PFE} > S_{\triangle FHP} > S_{\triangle HCF},$$

但 $S_{\triangle AGH} = S_{\triangle GEB}$ 还是可能的. 此时有 $AG = GE$,即

$$kb = \frac{c-kb}{c} \cdot b,$$

$$k = \frac{c}{b+c} = \frac{\dfrac{b}{c} + \dfrac{c}{b}}{\left(\dfrac{b}{c}\right)^2 + \left(\dfrac{c}{b}\right)^2 + 1} \Rightarrow c^3 = b^3 + bc^2,$$

此时就需要 8 块了,如图 59.5 所示.(位置计算留给读者.)

评注 这道题算是做得较为彻底,已知对于 $n \geqslant 5$,对正 n 边形不存在这样的划分,但唯独对于正方形有这样的划分,人们

将其称为"完美正方形".

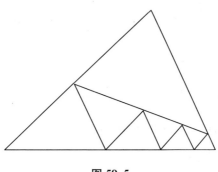

图 59.5

60. 因 式 分 解

除了 $n=1,2,98$,还有别的正整数 n 使 x^8+nx^4+1 在整系数范围内因式分解吗?

解 $n=1,2$ 时显然成立,下面先给出 $n=98$ 时的分解.

用待定系数法,设
$$x^8+98x^4+1 = (x^4+kx^2+1)^2 - (ax^3+bx)^2$$
$$= x^8+k^2x^4+1+2kx^6+2kx^2+2x^4-a^2x^6$$
$$\quad -2abx^4-b^2x^2$$
$$= x^8+(2k-a^2)x^6+(k^2+2-2ab)x^4$$
$$\quad +(2k-b^2)x^2+1,$$

令 $2k=a^2=b^2$,不妨设 $a=2m, b=-2m, m \geqslant 0$,则

$k = 2m^2$,

$k^2 + 2 - 2ab = 4m^4 + 2 + 8m^2 = (2m^2 + 2)^2 - 2 = 98$,

$m = 2$, $k = 8$, $a = 4$, $b = -4$.

故

$x^8 + 98x^4 + 1$

$= (x^4 + ax^3 + kx^2 + bx + 1)(x^4 - ax^3 + kx^2 - bx + 1)$

$= (x^4 + 4x^3 + 8x^2 - 4x + 1)(x^4 - 4x^3 + 8x^2 + 4x + 1)$.

注意这个过程中,只要 $n = 4(m^2 + 1)^2 - 2$ 型整数, $x^8 + nx^4 + 1$ 均可因式分解.

评注 本题还可通过 $x^4 \left(x^4 + \dfrac{1}{x^4} + 98 \right)$, $x^4 + \dfrac{1}{x^4} = \left(x^2 + \dfrac{1}{x^2} \right)^2 - 2 = \left(\left(x + \dfrac{1}{x} \right)^2 - 2 \right)^2 - 2$ 来分解吗? 请读者考虑.

61. 绝对值方程

已知 a 为常数,恰有 6 个不同实数是关于 x 的方程 $||x^2 - 2x - 3| + 4a| = a^2$ 的解,求 a 的取值范围.

解 记 $y = x - 1$,问题变为 $||y^2 - 4| + 4a| = a^2$ 恰好有 6 个不同的解 y.

显然 y 除了 0,可以正负成对出现,因此,若 $y = 0$ 是解,那么就只能有奇数个不同的解,即 $|4 + 4a| = a^2$ 的情况被否定.

问题也变为,对于 $||z - 4| + 4a| = a^2$ 恰好有 3 个不同的

正根 z.

显然 a 必为负数,上述方程变为 $|z-4| = a^2 - 4a$ 和 $|z-4| = -a^2 - 4a$ 均有解,且一个有 2 个不同正数解,一个恰好有 1 个正数解,没有 $z=0$ 的解.

于是首先有 $a^2 - 4a$, $-a^2 - 4a \geqslant 0$,综上解得 $-4 \leqslant a < 0$.

又 $a^2 - 4a + 4, 4a - a^2 + 4, -a^2 - 4a + 4, a^2 + 4a + 4$ 中,恰好有 3 个正数.易知必有

$$a^2 - 4a + 4 > -a^2 - 4a + 4 > a^2 + 4a + 4 > 4a - a^2 + 4,$$

于是,$a \neq -2, -4, 4a - a^2 + 4 < 0$.

综上,$-4 < a < 2 - 2\sqrt{2}$ 且 $a \neq -2$.

评注 本题虽不算很困难,但在如何减小分类、计算量方面(比赛时间有限),可为其他题目提供一个借鉴.

62. 特 征 数

已知 $ax + by = 1, ax^2 + by^2 = 2, ax^3 + by^3 = 3, ax^4 + by^4 = 6$,求 $ax^5 + by^5$.

解 $(ax + by)(ax^3 + by^3) - (ax^2 + by^2)^2$
$= abx^3y + abxy^3 - 2abx^2y^2$
$= abxy(x-y)^2 = -1,$
$(ax^2 + by^2)(ax^4 + by^4) - (ax^3 + by^3)^2$
$= abx^4y^2 + abx^2y^4 - 2abx^3y^3$
$= abx^2y^2(x-y)^2 = 3,$

故 $xy = -3$,而

$$3(ax^5 + by^5) - 36 = (ax^3 + by^3)(ax^5 + by^5) - (ax^4 + by^4)^2$$
$$= abx^5y^3 + abx^3y^5 - 2abx^4y^4$$
$$= abx^3y^3(x-y)^2 = abxy(x-y)^2 \cdot (xy)^2$$
$$= -9,$$

得 $ax^5 + by^5 = 9$.

评注 本题中计算一个类似于判别式的"特征数"(它与递推数列有关),是一个比较值得寻味的方法.

63. 分子有理化

设三角形三边分别为 a、b、c,对应高分别为 h_a、h_b、h_c,证明:若 $\sqrt{a+h_b} + \sqrt{b+h_c} + \sqrt{c+h_a} = \sqrt{a+h_c} + \sqrt{b+h_a} + \sqrt{c+h_b}$,则该三角形为等腰三角形.

证明 不妨设三角形面积为 $\frac{1}{2}$,不影响原题,于是条件变为

$$\sqrt{a+\frac{1}{b}} + \sqrt{b+\frac{1}{c}} + \sqrt{c+\frac{1}{a}}$$
$$= \sqrt{a+\frac{1}{c}} + \sqrt{b+\frac{1}{a}} + \sqrt{c+\frac{1}{b}}.$$

今用反证法,假定 a、b、c 两两不相等.由上式,有

$$\sqrt{\frac{ab+1}{b}} + \sqrt{\frac{bc+1}{c}} + \sqrt{\frac{ca+1}{a}} = \sqrt{\frac{ac+1}{c}} + \sqrt{\frac{ab+1}{a}} + \sqrt{\frac{bc+1}{b}},$$

即

$$\sqrt{ab+1}\left(\frac{1}{\sqrt{b}}-\frac{1}{\sqrt{a}}\right)+\sqrt{bc+1}\left(\frac{1}{\sqrt{c}}-\frac{1}{\sqrt{b}}\right)$$
$$+\sqrt{ca+1}\left(\frac{1}{\sqrt{a}}-\frac{1}{\sqrt{c}}\right)=0,$$

或

$$(\sqrt{ab+1}-\sqrt{ca+1})\left(\frac{1}{\sqrt{b}}-\frac{1}{\sqrt{a}}\right)+(\sqrt{bc+1}-\sqrt{ca+1})$$
$$\cdot\left(\frac{1}{\sqrt{c}}-\frac{1}{\sqrt{b}}\right)=0,$$

这是将 $\frac{1}{\sqrt{a}}-\frac{1}{\sqrt{c}}$ 看成 $\frac{1}{\sqrt{a}}-\frac{1}{\sqrt{b}}+\frac{1}{\sqrt{b}}-\frac{1}{\sqrt{c}}$ 的结果. 于是有

$$\frac{a(b-c)}{\sqrt{ab+1}+\sqrt{ca+1}} \cdot \frac{\sqrt{a}-\sqrt{b}}{\sqrt{ab}}$$
$$=\frac{c(a-b)}{\sqrt{bc+1}+\sqrt{ca+1}} \cdot \frac{\sqrt{b}-\sqrt{c}}{\sqrt{bc}},$$

两边约去 $(\sqrt{b}-\sqrt{c})(\sqrt{a}-\sqrt{b})$,得

$$\sqrt{a} \cdot \frac{\sqrt{b}+\sqrt{c}}{\sqrt{ab+1}+\sqrt{ca+1}}=\sqrt{c} \cdot \frac{\sqrt{a}+\sqrt{b}}{\sqrt{bc+1}+\sqrt{ca+1}},$$

或 $\frac{\sqrt{ab}+\sqrt{ac}}{\sqrt{ac}+\sqrt{bc}}=\frac{\sqrt{ab+1}+\sqrt{ca+1}}{\sqrt{ac+1}+\sqrt{bc+1}},$

两边减 1,得 $\frac{\sqrt{ab}-\sqrt{bc}}{\sqrt{ac}+\sqrt{bc}}=\frac{\sqrt{ab+1}-\sqrt{bc+1}}{\sqrt{ac+1}+\sqrt{bc+1}},$ 即

$$\frac{b(a-c)}{(\sqrt{ab}+\sqrt{bc})(\sqrt{ac}+\sqrt{bc})}$$
$$=\frac{b(a-c)}{(\sqrt{ab+1}+\sqrt{bc+1})(\sqrt{ac+1}+\sqrt{bc+1})},$$

于是

$$(\sqrt{ab}+\sqrt{bc})(\sqrt{ac}+\sqrt{bc})$$
$$=(\sqrt{ab+1}+\sqrt{bc+1})(\sqrt{ac+1}+\sqrt{bc+1}),$$

但左式明显小于右式,矛盾! 故 a、b、c 中至少有两数相等.

评注 这一证法是冯建涛提出的,本题的解法的确是根式运算的一种境界.

64. 妙用韦达定理

设三角形三边分别为 a、b、c,对应高分别为 h_a、h_b、h_c,证明:若 $\sqrt[3]{a+h_b}+\sqrt[3]{b+h_c}+\sqrt[3]{c+h_a}=\sqrt[3]{a+h_c}+\sqrt[3]{b+h_a}+\sqrt[3]{c+h_b}$,则该三角形为等腰三角形.

证明 设三角形面积为 S,设 $\sqrt[3]{a+h_b}=x_1$,$\sqrt[3]{b+h_c}=y_1$,$\sqrt[3]{c+h_a}=z_1$,$\sqrt[3]{a+h_c}=x_2$,$\sqrt[3]{b+h_a}=y_2$,$\sqrt[3]{c+h_b}=z_2$.

易知 $x_1^3+y_1^3+z_1^3=x_2^3+y_2^3+z_2^3$,又

$$x_1 y_1 z_1 = \sqrt[3]{\left(a+\frac{2S}{b}\right)\left(b+\frac{2S}{c}\right)\left(c+\frac{2S}{a}\right)}$$

$$=\sqrt[3]{\frac{(ab+2S)(bc+2S)(ca+2S)}{abc}}$$

$$=\sqrt[3]{\left(a+\frac{2S}{c}\right)\left(b+\frac{2S}{a}\right)\left(c+\frac{2S}{b}\right)}=x_2 y_2 z_2,$$

于是

$$x_1^3 + y_1^3 + z_1^3 - 3x_1 y_1 z_1 = x_2^3 + y_2^3 + z_2^3 - 3x_2 y_2 z_2,$$
$$(x_1 + y_1 + z_1)(x_1^2 + y_1^2 + z_1^2 - x_1 y_1 - y_1 z_1 - z_1 x_1)$$
$$= (x_2 + y_2 + z_2)(x_2^2 + y_2^2 + z_2^2 - x_2 y_2 - y_2 z_2 - z_2 x_2).$$

条件是 $x_1 + y_1 + z_1 = x_2 + y_2 + z_2 > 0$, 得

$$x_1^2 + y_1^2 + z_1^2 - x_1 y_1 - y_1 z_1 - z_1 x_1$$
$$= x_2^2 + y_2^2 + z_2^2 - x_2 y_2 - y_2 z_2 - z_2 x_2,$$

即

$$(x_1 + y_1 + z_1)^2 - 3(x_1 y_1 + y_1 z_1 + z_1 x_1)$$
$$= (x_2 + y_2 + z_2)^2 - 3(x_2 y_2 + y_2 z_2 + z_2 x_2),$$
$$x_1 y_1 + y_1 z_1 + z_1 x_1 = x_2 y_2 + y_2 z_2 + z_2 x_2,$$

由韦达定理, x_1, y_1, z_1 及 x_2, y_2, z_2 是同一个三次方程的三个根, 故 x_1, y_1, z_1 是 x_2, y_2, z_2 的一个排列.

若 $x_1 = x_2$, 则 $h_b = h_c$, $b = c$;

若 $x_1 = y_2$, 则 $a + h_b = b + h_a$, $a + \dfrac{2S}{b} = b + \dfrac{2S}{a}$, 即 $(a-b)\left(1 + \dfrac{2S}{ab}\right) = 0$, $a = b$;

若 $x_1 = z_2$, 则 $a + h_b = c + h_b$, $a = c$.

评注 这一采用韦达定理的解法也适用于上题, 若是将三次根号换成一般的 n 次根号, 是否还奏效呢? 请读者考虑.

65. 一个多项式问题

求证：(1) 当整数 $n \geqslant 4$ 时，存在 n 次多项式 $f(x)$，满足最高项系数为 1，其余项系数为正整数，且对任意正整数 $m \geqslant 2$，$a, a_1, a_2, \cdots, a_m, f(a) \neq f(a_1)f(a_2)\cdots f(a_m)$.

(2) 当 $n = 2$ 时，对二次多项式 $f(x)$，最高项系数为 1，其余项系数为任意正整数，则对任意正整数 $m \geqslant 2$，存在正整数 a，$a_1, a_2, \cdots, a_m$，满足 $f(a) = f(a_1)f(a_2)\cdots f(a_m)$.

证明 (1) 构造 $f(x) = (x+1)(x+2)\cdots(x+n) + 2$，易知对任意正整数 $a, a_1, a_2, \cdots, a_m$，有

$$4 \mid f(a) - 2, 2 \mid f(a_1), f(a_2), \cdots, f(a_m),$$

故对 $m \geqslant 2, f(a_1)f(a_2)\cdots f(a_m) \equiv 0 \pmod{4}$，而 $f(a) \equiv 2 \pmod{4}$，故 $f(a) \neq f(a_1)f(a_2)\cdots f(a_m)$.

(2) 设二次多项式为 $f(x) = x^2 + px + q$，p、q 为任意正整数.

易知有恒等式

$$(y^2 + d)((y+1)^2 + d) = (y^2 + y + d)^2 + d,$$

令 $y = x + \dfrac{p}{2}, d = q - \dfrac{p^2}{4}$，得

$$(x^2 + px + q)((x+1)^2 + p(x+1) + q)$$
$$= (x^2 + (p+1)x + q)^2 + p(x^2 + (p+1)x + q) + q.$$

当 x 为正整数时，$x+1, x^2 + (p+1)x + q$ 也都是正整

数．即
$$f(x)f(x+1) = f(x^2+(p+1)x+q).$$

易知 $m=2$ 时，结论成立．

设 $m=k$ 时结论成立，即存在正整数 $a, a_1, a_2, \cdots, a_k$，使 $f(a) = f(a_1)f(a_2)\cdots f(a_m)$，则当 $m=k+1$ 时，有
$$f(a^2+(p+1)a+q) = f(a)f(a+1)$$
$$= f(a_1)f(a_2)\cdots f(a_m)f(a+1),$$

即 $a_{m+1} = a+1$，得证．

评注 此题的否定和肯定部分都需构造．$n=3$ 时目前尚未确定，请读者考虑．

66．一个代数不等式

已知 a、b、c 为正实数，且 $abc=1$，求证：
$$1 + \frac{3}{a+b+c} \geq \frac{6}{ab+bc+ca}.$$

证明 令 $a+b+c = k$（显然由基本不等式，有 $k \geq 3$；又由 $a+b = k-c$，$ab = \dfrac{1}{c}$，根据韦达定理，有 $(k-c)^2 \geq \dfrac{4}{c}$），如果将 c 固定并由对称性假设 c 最大，$c \geq 1$，那么 k 取最小值时有 $a=b$．

易知

66. 一个代数不等式

原不等式 $\Leftrightarrow 1 + \dfrac{3}{k} \geqslant \dfrac{6}{\dfrac{1}{c} + c(k-c)}$.

去分母,得

$$k(1 + c^2 k - c^3) + 3 + 3c^2(k-c) \geqslant 6ck$$

$$\Leftrightarrow f(k) = c^2 k - \dfrac{3(c^3-1)}{k} \geqslant c^3 - 3c^2 + 6c - 1.$$

将 c 看成正常数,显然由 $c \geqslant 1$,知 $f(k)$ 是 k 的增函数,而 k 取极小时有 $a=b$,于是我们只需证明在 $a = b = \dfrac{1}{\sqrt{c}} \leqslant 1$ 时原不等式成立即可,此时欲证不等式为

$$1 + \dfrac{3}{2a + \dfrac{1}{a^2}} \geqslant \dfrac{6}{a^2 + \dfrac{2}{a}},$$

或

$$1 + \dfrac{3a^2}{2a^3+1} \geqslant \dfrac{6a}{a^3+2},$$

化成整式即为

$$2a^6 + 3a^5 - 12a^4 + 5a^3 + 6a^2 - 6a + 2 \geqslant 0,$$

因式分解得

$$(a-1)^2(2a^4 + 7a^3 - 2a + 2) \geqslant 0,$$

由于 $0 \leqslant a \leqslant 1$,知此不等式成立,得证.

评注 在放缩谨慎(所谓"谨慎",就是指不破坏等号成立的条件等,有时有多个条件保证等号成立,那就更需谨慎)的前提下,很多不等式最终都归结为多项式运算,这符合人们化繁为简的习惯思维.

67. 局 部 调 整

已知 $x,y,z>0$,求证：

$$\sqrt{\frac{x}{x+y}}+\sqrt{\frac{y}{y+z}}+\sqrt{\frac{z}{z+x}}\leqslant\frac{3}{2}\sqrt{2}.$$

证明 不妨设 x 最大,由于

$$\sqrt{\frac{x}{x+y}}+\sqrt{\frac{y}{y+z}}\leqslant\sqrt{2\left(\frac{x}{x+y}+\frac{y}{y+z}\right)}$$

$$=\sqrt{2+\frac{2y(x-z)}{xy+y^2+xz+yz}}$$

$$=\sqrt{2+\frac{2(x-z)}{x+z+y+\frac{xz}{y}}}$$

$$\leqslant\sqrt{2+\frac{2(x-z)}{x+z+2\sqrt{xz}}}$$

$$=2\sqrt{\frac{\sqrt{x}}{\sqrt{x}+\sqrt{z}}},$$

问题就化简为证明:

$a\geqslant b>0$ 时,有

$$2\sqrt{\frac{a}{a+b}}+\sqrt{\frac{b^2}{a^2+b^2}}\leqslant\frac{3}{2}\sqrt{2},$$

或 $w=\dfrac{a}{b}$,证明

$$2\sqrt{\frac{w}{1+w}} + \frac{1}{\sqrt{1+w^2}} \leqslant \frac{3}{2}\sqrt{2},$$

或证

$$4\sqrt{w(1+w^2)} + 2\sqrt{1+w} \leqslant 3\sqrt{2(1+w)(1+w^2)},$$

平方,即为证明

$$16(w+w^3) + 4(1+w) + 16\sqrt{w(1+w)(1+w^2)}$$
$$\leqslant 18(1+w+w^2+w^3)$$

或为

$$8\sqrt{w(1+w)(1+w^2)} \leqslant w^3 + 9w^2 - w + 7. \qquad (1)$$

由平均不等式,有

$$\sqrt{w(1+w)(1+w^2)} \leqslant \frac{w(1+w)+(1+w^2)}{2},$$

故式(1)左边 $\leqslant 4(2w^2+w+1)$,式(1)转为证明(加强)$w^3 + w^2 - 5w + 3 \geqslant 0$,因式分解得$(w-1)^2(w+3) \geqslant 0$,此式显然成立.

评注 许多熟悉不等式的高手都说,不等式证明中要想方设法去除根号和分数线,这可以通过平均不等式、柯西不等式或其他什么方法做到(命题人自己也是这么想的),不过遇到具体问题的时候,还是有一定程度的迷茫,要做些试探,不大可能一眼看穿.

68. 运用冻结变量计算不等式

设 x、y、z、t 为正数,且 $xy+yz+zx+xt+yt+zt=6$,求

证：$\sum_{cyc} \dfrac{1}{1+x^2} \geqslant 2$.

证明 为方便论述，这里扩充定义域，允许 x、y、z、t 中出现 0.

由平均不等式易知 $xyzt \leqslant 1$.

$$\sum_{cyc} \dfrac{1}{1+x^2} \geqslant 2$$

$$\Leftrightarrow \sum (1+x^2)(1+y^2)(1+z^2)$$
$$\geqslant 2(1+x^2)(1+y^2)(1+z^2)(1+t^2)$$

$$\Leftrightarrow 4 + 3\sum x^2 + 2\sum x^2 y^2 + \sum x^2 y^2 z^2$$
$$\geqslant 2 + 2\sum x^2 + 2\sum x^2 y^2 + 2\sum x^2 y^2 z^2$$
$$+ 2x^2 y^2 z^2 t^2$$

$$\Leftrightarrow 2 + \sum x^2 \geqslant \sum x^2 y^2 z^2 + 2x^2 y^2 z^2 t^2.$$

设 $xy = p, x+y = m, z+t = n, zt = q$，条件是

$$xy + (x+y)(z+t) + zt = 6,$$

即 $p + mn + q = 6$. 当然有 $m \geqslant 2\sqrt{p}, n \geqslant 2\sqrt{q}$.

欲证式为

$$2 + (x^2 + y^2) + (z^2 + t^2)$$
$$\geqslant x^2 y^2 (z^2 + t^2) + z^2 t^2 (x^2 + y^2) + 2x^2 y^2 z^2 t^2.$$

也即

$$2 + m^2 - 2p + n^2 - 2q$$
$$\geqslant p^2(n^2 - 2q) + q^2(m^2 - 2p) + 2p^2 q^2.$$

整理得

$$2 + (1-p^2)n^2 + (1-q^2)m^2$$
$$\geqslant 2p + 2q + 2p^2 q^2 - 2p^2 q - 2pq^2.$$

68. 运用冻结变量计算不等式

下面来证明之.

由于 $pq = xyzt \leqslant 1$,由对称性,分两种情况讨论.

(1) p、q 均不大于 1,由于

$$2+(1-p^2)n^2+(1-q^2)m^2$$
$$\geqslant 2+4(1-p^2)q+4(1-q^2)p,$$

而要证明

$$2+4(1-p^2)q+4(1-q^2)p$$
$$\geqslant 2p+2q+2p^2q^2-2p^2q-2pq^2,$$

也就是 $1+p+q \geqslant p^2q^2+p^2q+pq^2$. 此显然成立.

(2) $p \leqslant 1, q > 1$. 这时把 p、q 看成固定值,m、n 是变量,积为常数. 此时易知 $2+(1-p^2)n^2+(1-q^2)m^2$ 成为 n 的增函数,因此

$$2+(1-p^2)n^2+(1-q^2)m^2$$
$$\geqslant 2+4(1-p^2)q+(1-q^2)\frac{(6-p-q)^2}{4q},$$

于是我们希望证明

$$2+4(1-p^2)q+(1-q^2)\frac{(6-p-q)^2}{4q}$$
$$\geqslant 2p+2q+2p^2q^2-2p^2q-2pq^2.$$

因

$$f(p) = 8pq+8q^2+8p^2q^3-8p^2q-8pq^3-8q$$
$$-16(1-p^2)q^2-(1-q^2)(6-p-q)^2$$

是 p 的二次函数,二次项系数为 $8q^3+9q^2-1 > 0$,开口向上,于是就只需证明 $f(0), f(1) \leqslant 0$.

先证明 $f(0) \leqslant 0$,此即 $q^4-12q^3+27q^2+4q-36 \leqslant 0$,此处

$1 < q \leqslant 6$.

因式分解,得 $(q+1)(q-2)^2(q-9) \leqslant 0$,此式显然成立.

再证明 $f(1) \leqslant 0$,此即 $-(1-q^2)(5-q)^2 \leqslant 0$,显然成立.

综上,命题得证.

评注 本题的关键在于取等号有多种情形,凡遇到此类问题,一般的放缩法很可能变得无效,而运用冻结变量来计算不等式是谨慎、可行的方法.相比放缩的高超技巧,此种方法只存在计算过于复杂的问题,不存在"放过头"的问题——只要算得动,不过有点迂回曲折、绕点弯路而已,也不是不可改进的;而后者则几乎是"此路不通".

69. 函 数 思 维

设 $x_1, x_2, \cdots, x_n$ 为实数,求证:
$$\sum_{1 \leqslant i < j \leqslant n} |x_i + x_j| \geqslant \frac{n-2}{2} \sum_{i=1}^{n} |x_i|.$$

证明 用数学归纳法,$n = 1, 2$ 时结论显然成立.

设 $n = k$ 时结论成立.

先指出一个结论:当 $|x| \geqslant |y|$ 时
$$|x+y| + |x-y| = 2|x|.$$

当 $n = k+1$ 时,若 $x_i (1 \leqslant i \leqslant k+1)$ 中有 0,不妨设 $x_{k+1} = 0$,则

$$\sum_{1\leqslant i<j\leqslant k+1}|x_i+x_j| = \sum_{1\leqslant i<j\leqslant k}|x_i+x_j| + \sum_{i=1}^{k}|x_i|$$

$$\geqslant \frac{k-2}{2}\sum_{i=1}^{k}|x_i| + \sum_{i=1}^{k}|x_i|$$

$$= \frac{k}{2}\sum_{i=1}^{k+1}|x_i| \geqslant \frac{k-1}{2}\sum_{i=1}^{k+1}|x_i|.$$

又若 $x_1,x_2,\cdots,x_{k+1}$ 中绝对值最小的是 x_k,x_{k+1},且 $x_k+x_{k+1}=0$,则

$$\sum_{1\leqslant i<j\leqslant k+1}|x_i+x_j| = \sum_{1\leqslant i<j\leqslant k-1}|x_i+x_j| + 2\sum_{i=1}^{k-1}|x_i|$$

$$\geqslant \frac{k+1}{2}\sum_{i=1}^{k-1}|x_i|$$

$$= \frac{k-1}{2}\sum_{i=1}^{k-1}|x_i| + \sum_{i=1}^{k-1}|x_i|$$

$$\geqslant \frac{k-1}{2}\sum_{i=1}^{k-1}|x_i| + \frac{k-1}{2}(|x_k|+|x_{k+1}|)$$

$$= \frac{k-1}{2}\sum_{i=1}^{k+1}|x_i|.$$

一般地,不妨设 x_{k+1} 是绝对值最小的负数,且 $x_1\sim x_k$ 中 t 个数不妨设为 $x_1,x_2,\cdots,x_t$,满足 $0\leqslant x_1,x_2,\cdots,x_t<|x_{k+1}|$,此处 $t\geqslant 1$.

易知

$$f = \sum_{1\leqslant i<j\leqslant k+1}|x_i+x_j| - \frac{k-1}{2}\sum_{i=1}^{k+1}|x_i|$$

是 $x_i(1\leqslant i\leqslant t)$ 的一次函数或常数函数,每个 $x_i\in[0,-x_{k+1}]$, $1\leqslant i\leqslant t$,因此,将 $x_i(1\leqslant i\leqslant t)$ 调至 0 或 $-x_{k+1}$,能使 f 下降

(或不变),但这就回到了前面的情形,故总有 $f \geqslant 0$.

评注 对于一次和二次函数乃至其他一些简单代数函数的性质,我们应当十分熟悉,但是未必会有意识地将其应用到不等式的证明之中.尤其对于出现 n 个数的代数不等式,有时要将其中一个或少数几个看成变量,其余量则或调整抵消,或被"冻结"待以后"复活",这是一种十分基本的方法,可以处理难度跨度很大的问题.注意在证 $n=k+1$ 的情形时用到了 $n=k-1$ 的情形,故对 $n=1$ 的情形也要予以讨论.

70. 恒为非负的多项式

对于一元多项式 $f(x)$、二元二次多项式 $g(x,y)$,如果当 $x,y\in \mathbf{R}$ 时恒有 $f(x)\geqslant 0, g(x,y)\geqslant 0$,则 $f(x)$、$g(x,y)$ 必能表示成多项式平方和的形式;又对超过二次的多项式 $h(x,y)$,当 $x,y\in \mathbf{R}$ 时恒有 $h(x,y)\geqslant 0$,上述结论还必定成立吗?注意这里的多项式都是实系数的.

证明 记 $f(x)=a_nx^n+a_{n-1}x^{n-1}+\cdots+a_1x+a_0$,由题意,$a_n>0$.

易知

$$(A^2+B^2)(C^2+D^2)=(AC+BD)^2+(AD-BC)^2,$$

即平方和之积仍是平方和.且若干个平方和之积也是平方和.

$f(x)$ 若有虚根 $a\pm bi, b\neq 0$,则 $(x-a+bi)(x-a-bi)=(x-a)^2+b^2$ 是平方和,于是有

70. 恒为非负的多项式

$$f(x) \equiv a_n(x-c_1)^{2n_1}(x-c_2)^{2n_2}\cdots(x-c_k)^{2n_k}((x-a_1)^2+b_1^2)$$
$$\cdots((x-a_m)^2+b_m^2),$$

其中 $c_1, c_2, \cdots, c_k$ 为两两不相等的实数,$a_j, b_j (1 \leqslant j \leqslant m)$ 也是实数,$n_1, n_2, \cdots, n_k$ 为正整数,由前知 $f(x)$ 能表示为多项式平方和形式.注意允许 $k=0, m=0$.

对于二元二次多项式

$$g(x,y) = ax^2 + bxy + cy^2 + dx + ey + f,$$

按题意,有 $a \geqslant 0, c \geqslant 0, a$、$c$ 不全为 $0, \Delta = b^2 - 4ac \leqslant 0$. 不妨设 $a > 0$.

$$g(x,y) = ax^2 + (by+d)x + cy^2 + ey + f,$$

于是恒有 $\Delta' = (by+d)^2 - 4a(cy^2+ey+f) \leqslant 0$,对一切实数 y 成立.

$$\Delta' = (b^2 - 4ac)y^2 + (2bd - 4ae)y + d^2 - 4af \leqslant 0,$$

故

$$(2bd - 4ae)^2 \leqslant 4(b^2 - 4ac)(d^2 - 4af)$$
$$\Rightarrow 4b^2d^2 - 16abde + 16a^2e^2 \leqslant 4b^2d^2 - 16acd^2$$
$$\quad - 16ab^2f + 64a^2cf$$
$$\Rightarrow ae^2 + b^2f + cd^2 \leqslant 4acf + bde.$$

若 $4ac - b^2 > 0$,则

$$g(x,y) = \left(\sqrt{a}\,x + \frac{by+d}{2\sqrt{a}}\right)^2 + cy^2 + ey + f - \frac{(by+d)^2}{4a}$$
$$= \left(\sqrt{a}\,x + \frac{by+d}{2\sqrt{a}}\right)^2$$
$$\quad + \frac{(4ac-b^2)y^2 + (4ae-2bd)y + 4af - d^2}{4a}$$

$$= \left(\sqrt{a}x + \frac{by+d}{2\sqrt{a}}\right)^2 + \left(\frac{\sqrt{4ac-b^2}}{2\sqrt{a}}y + \frac{2ae-bd}{2\sqrt{a}\sqrt{4ac-b^2}}\right)^2$$

$$+ \frac{4af-d^2}{4a} - \frac{(2ae-bd)^2}{4a(4ac-b^2)}$$

$$= \left(\sqrt{a}x + \frac{by+d}{2\sqrt{a}}\right)^2 + \left(\frac{\sqrt{4ac-b^2}}{2\sqrt{a}}y + \frac{2ae-bd}{2\sqrt{a}\sqrt{4ac-b^2}}\right)^2$$

$$+ \left(\sqrt{\frac{4acf+bde-ae^2-b^2f-cd^2}{4ac-b^2}}\right)^2.$$

若 $4ac=b^2$,则 $bd=2ae$,故 $\Delta' \leqslant 0 \Rightarrow d^2 \leqslant 4af$.

$$g(x,y) = \left(\sqrt{a}x + \frac{by+d}{2\sqrt{a}}\right)^2 + \left(\sqrt{\frac{4af-d^2}{4a}}\right)^2.$$

下证 $h(x,y) = x^4y^2 + x^2y^4 - 3x^2y^2 + 1$ 不能表示为平方和的形式. 首先由平均不等式,$h(x,y) \geqslant 0$ 对一切实数 x,y 均成立. 用反证法,假设

$$h(x,y) = (p_1(x,y))^2 + (p_2(x,y))^2 + \cdots + (p_k(x,y))^2,$$

这里 $p_1(x,y), p_2(x,y), \cdots, p_k(x,y)$ 都是实系数多项式. 易知可设

$$p_i(x,y) = a_i x^2 y + b_i xy^2 + c_i x^2 + d_i y^2 + e_i xy$$
$$+ f_i x + g_i y + h_i,$$
$$i = 1, 2, \cdots, k.$$

$(p_i(x,y))^2$ 中 x^4 的系数为 c_i^2,易知 $h(x,y)$ 中 x^4 的系数为 $c_1^2 + c_2^2 + \cdots + c_k^2 = 0$,故 $c_i = 0$,同理 $d_i = 0$,故

$$p_i(x,y) = a_i x^2 y + b_i xy^2 + e_i xy + f_i x + g_i y + h_i,$$

$(p_i(x,y))^2$ 中 x^2 的系数为 f_i^2,易知 $f_i = 0$,同理 $g_i = 0$,故

$$p_i(x,y) = a_i x^2 y + b_i xy^2 + e_i xy + h_i,$$

于是 $(p_i(x,y))^2$ 中 x^2y^2 的系数为 e_i^2,对比系数,有 $e_1^2+e_2^2+\cdots+e_k^2=-3$,此不可能!

评注 本题的反例不太好构造,对此类问题有进一步兴趣的读者可去了解一个著名问题——希尔伯特第十七问题.

71. 逼　　近

函数 $f(x,y)=x^2+xy+y^2$,则对任意实数 x,y,存在整数 m,n,满足 $f(x-m,y-n)\leqslant\dfrac{1}{2}$,又问 $\dfrac{1}{2}$ 能否改成 $\dfrac{1}{3}$?

证明 $\dfrac{1}{2}$ 可以加强为 $\dfrac{1}{3}$. 显然对任意实数 w,存在整数 k 使 $|w-k|\leqslant\dfrac{1}{2}$.

$$f(x,y)=\left(x+\dfrac{1}{2}y\right)^2+\dfrac{3}{4}y^2,$$

当 $0\leqslant\{y\}\leqslant\dfrac{1}{3}$ 或 $\dfrac{2}{3}\leqslant\{y\}<1$ 时,易知有整数 n 使 $(y-n)^2\leqslant\dfrac{1}{9}$,有整数 m 使 $\left(x-m+\dfrac{1}{2}(y-n)\right)^2\leqslant\dfrac{1}{4}$,于是

$$f(x-m,y-n)\leqslant\dfrac{1}{4}+\dfrac{3}{4}\cdot\dfrac{1}{9}=\dfrac{1}{4}+\dfrac{1}{12}=\dfrac{1}{3}.$$

最后讨论 $\dfrac{1}{3}\leqslant\{y\}\leqslant\dfrac{2}{3}$ 的情形,由对称性, $\dfrac{1}{3}\leqslant\{x\}\leqslant\dfrac{2}{3}$,为方便起见,设 $\{x\}=s,\{y\}=t$,且 $\dfrac{1}{3}\leqslant s\leqslant t\leqslant\dfrac{2}{3}$. 令 $m=[x]$,

$n = [y] + 1$,则

$$f(x-m, y-n) = f(s, t-1) = s^2 + s(t-1) + (1-t)^2,$$

$$s^2 + s(t-1) = \left(s - \frac{1-t}{2}\right)^2 - \frac{(1-t)^2}{4}.$$

由于 $\frac{1}{6} \leqslant \frac{1-t}{2} \leqslant \frac{1}{3} \leqslant s$,故

$$f(x-m, y-n) \leqslant f(t, t-1) = t^2 + t(t-1) + (1-t)^2$$

$$= 3t^2 - 3t + 1 = 3\left(t - \frac{1}{2}\right)^2 + \frac{1}{4}$$

$$\leqslant 3 \cdot \left(\frac{1}{6}\right)^2 + \frac{1}{4} = \frac{1}{3}.$$

评注 关于这类"逼近"问题,数论中有比较完整的结果.对于"$\frac{1}{2}$"有简洁证明,留给读者证之.

72. 函数方程

设函数 $f(x)$ 满足对任意实数 x, y,有 $f(xf(y)) = f(xy^2) - 2x^2 f(y) - f(x) - 1$,试求 $f(x)$.

解 令 $x = 0$,代入方程得

$$f(0) = f(0) - f(0) - 1, \quad f(0) = -1.$$

令 $y = 0$,代入方程得

$$f(xf(0)) = f(0) - 2x^2 f(0) - f(x) - 1,$$

$$f(x) + f(-x) = 2(x^2 - 1),$$

再令 $x = 1$,则有 $f(1) + f(-1) = 0$,而用 $-x$ 代入方程得

72. 函 数 方 程

$$f(-xf(y)) = f(-xy^2) - 2x^2 f(y) - f(-x) - 1,$$

与原方程相加得

$$f(-xf(y)) + f(xf(y))$$
$$= f(-xy^2) + f(xy^2) - 4x^2 f(y) - (f(x) + f(-x)) - 2.$$

由于

$$f(-xf(y)) + f(xf(y)) = 2((xf(y))^2 - 1),$$
$$f(-xy^2) + f(xy^2) = 2((xy^2)^2 - 1),$$

故

$$2(x^2(f(y))^2 - 1) = 2(x^2 y^4 - 1) - 4x^2 f(y) - 2(x^2 - 1) - 2,$$

于是

$$2x^2 f^2(y) = 2x^2 y^4 - 4x^2 f(y) - 2x^2,$$

令 $x = \dfrac{\sqrt{2}}{2}$,有

$$f^2(y) = y^4 - 2f(y) - 1, \quad (f(y) + 1)^2 = y^4,$$

故 $f(y) = y^2 - 1$ 或 $f(y) = -y^2 - 1$.

当 $f(y) = -y^2 - 1$ 时,$f(y) + f(-y) = 2y^2 - 2$,得 $f(-y) = 3y^2 - 1$,因为 $(f(-y) + 1)^2 = y^4$,故 $9y^4 = y^4 \Rightarrow y = 0$,$f(y) = y^2 - 1$,即 $f(x) = x^2 - 1$ 为所求.

评注 函数方程是数学中有名的四大方程之一,四大方程指的是代数方程、不定方程、微分方程(有时还包括积分方程,这样就是五大方程)和函数方程. 在某种意义上,函数方程是最深刻、高端的领域之一(奥数中亦是如此). 但是直到现在为止,函数方程仍是相对来说研究得最少的——例如,本题的解法很典型,从代入特殊的数字开始,渐渐摸索出一般规律,但很多函数方程复杂得多,所以这也是函数方程求解至今没有比较系统的

方法和理论的原因.

73. 抽 屉 原 理

已知整数 a、b、c 满足 $|a|,|b|,|c| \leqslant 10^7$,求证:(1) 存在不全为 0 的 a、b、c,满足 $|a+b\sqrt{2}+c\sqrt{3}| < \dfrac{1}{10^{13}}$;(2) 对任意不全为 0 的 a、b、c,有 $|a+b\sqrt{2}+c\sqrt{3}| > \dfrac{1}{10^{23}}$.

证明 (1) 考虑 $(10^7+1)^3$ 个数 $x+y\sqrt{2}+z\sqrt{3}$,这里整数 x、y、z 满足 $0 \leqslant x,y,z \leqslant 10^7$,这些数中最小的为 0,最大的是 $10^7(1+\sqrt{2}+\sqrt{3})$,由抽屉原理,必有两不同数 $x_1+y_1\sqrt{2}+z_1\sqrt{3}$ 与 $x_2+y_2\sqrt{2}+z_2\sqrt{3}$ 之差满足

$$0 \leqslant (x_2-x_1)+(y_2-y_1)\sqrt{2}+(z_2-z_1)\sqrt{3}$$
$$\leqslant \dfrac{10^7(1+\sqrt{2}+\sqrt{3})}{(10^7+1)^3-1} < \dfrac{10^7(1+\sqrt{2}+\sqrt{3})}{10^{21}}$$
$$= \dfrac{1+\sqrt{2}+\sqrt{3}}{10^{14}} < \dfrac{1}{10^{13}},$$

记 $x_2-x_1=a, y_2-y_1=b, z_2-z_1=c$,则

$$|a|=|x_2-x_1| \leqslant \max(x_1,x_2) \leqslant 10^7,$$

同理 $|b|,|c| \leqslant 10^7$,且易知 a、b、c 不全为 0.

(2) 先证明若整数 x、y、z 满足 $x+y\sqrt{2}+z\sqrt{3}=0$,则 $x=y=z=0$,这是因为 $x^2+2y^2+2xy\sqrt{2}=3z^2$,于是 $xy=0$;x^2+

$3z^2 + 2xz\sqrt{3} = 2y^2, xz = 0; 2y^2 + 3z^2 + 2yz\sqrt{6} = x^2, yz = 0$. 于是 x、y、z 中至少有两个为 0，再代入 $x + y\sqrt{2} + z\sqrt{3} = 0$，得 $x = y = z = 0$.

现 a、b、c 不全为 0，则 $a + b\sqrt{2} + c\sqrt{3} \neq 0, a - b\sqrt{2} + c\sqrt{3}, a + b\sqrt{2} - c\sqrt{3}, -a + b\sqrt{2} + c\sqrt{3}$ 均不为 0. 于是

$$0 \neq (a + b\sqrt{2} + c\sqrt{3})(a - b\sqrt{2} + c\sqrt{3})(a + b\sqrt{2} - c\sqrt{3})$$
$$\cdot (-a + b\sqrt{2} + c\sqrt{3})$$
$$= 4a^2b^2 + 6a^2c^2 + 12b^2c^2 - a^4 - 4b^4 - 9c^4$$

是一个整数，于是又由

$$|a - b\sqrt{2} + c\sqrt{3}| \leqslant |a| + |b|\sqrt{2} + |c|\sqrt{3}$$
$$\leqslant (1 + \sqrt{2} + \sqrt{3}) \cdot 10^7,$$

同理

$$|a + b\sqrt{2} - c\sqrt{3}| \leqslant (1 + \sqrt{2} + \sqrt{3}) \cdot 10^7,$$
$$|-a + b\sqrt{2} + c\sqrt{3}| \leqslant (1 + \sqrt{2} + \sqrt{3}) \cdot 10^7,$$

得

$$|a + b\sqrt{2} + c\sqrt{3}|$$
$$\geqslant \frac{1}{|a - b\sqrt{2} + c\sqrt{3}| \cdot |a + b\sqrt{2} - c\sqrt{3}| \cdot |-a + b\sqrt{2} + c\sqrt{3}|}$$
$$\geqslant \frac{1}{(1 + \sqrt{2} + \sqrt{3})^3 \cdot 10^{21}}$$
$$> \frac{1}{10^{23}}.$$

评注 很多数论特别是组合题，都分成两部分，一部分是构造反例，另一部分是证明论断，如果两者都是不能改进的，则这

个问题算是做得彻底,可惜往往做不到,本题的 13 和 23 之间还是有改进余地的,请读者自行考虑.本题作为抽屉原理的一个"典型"训练还是不错的.

74. 整除问题 1

设 n 是一任意给定的正整数,求证:存在整数 $a_1, a_2, \cdots, a_n$,对于任意整数 x,有

$$2n-1 \left| \left[\left(\cdots \left((x^2+a_1)^2 + a_2 \right)^2 + \cdots \right)^2 + a_{n-1} \right]^2 + a_n \right. .$$

证明 先证明一个引理:对于任意给定的整数 a、b 和奇数 c,存在整数 k,满足 $(k+a)^2 \equiv (k+b)^2 \pmod{c}$.

这是因为,当 $a+b$ 为偶数时,令 $k = -\dfrac{a+b}{2}$,有

$2k+a+b \equiv 0 \pmod{c} \Rightarrow k+a \equiv -k-b \pmod{c}$;

当 $a+b$ 为奇数时,令 $k = -\dfrac{c+a+b}{2}$,仍有

$2k+a+b \equiv 0 \pmod{c} \Rightarrow k+a \equiv -k-b \pmod{c}$,

于是总有

$$(k+a)^2 \equiv (k+b)^2 \pmod{c}.$$

引理证毕.

下面给出一个定义:设 $f(x)$ 是任意某个整系数多项式,记集 $A(f,m)$ 为 x 跑遍一切整数时,$f(x)$ 除以 m 所得的余数(在

0 和 $m-1$ 之间）所构成的集，此处 m 是任一给定正整数. $|A(f,m)|$ 是 A 的元素个数. 比如易知有

$$A(x^2,10)=\{0,1,4,5,6,9\},\quad |A(x^2,10)|=6$$

等. 记

$$f_1(x)=(x^2+a_1)^2,\quad f_2(x)=((x^2+a_1)^2+a_2)^2,\quad\cdots,$$

$$f_{n-1}(x)=\left[\left(\cdots((x^2+a_1)^2+a_2)^2+\cdots+a_{n-2}\right)^2+a_{n-1}\right]^2.$$

注意这里的系数 $a_1,a_2,\cdots,a_{n-1}$ 待定.

现在，先来研究集 $A(x^2,2n-1)$，易知 $|A(x^2,2n-1)|\leqslant n$，于是根据引理，可以适当地选取 a_1，使得 $(a_1+a)^2\equiv(a_1+b)^2\pmod{2n-1}$，这里 a、b 是 $A(x^2,2n-1)$ 中任两元素. 于是下一个集 $A(f_1,2n-1)$ 就比 $A(x^2,2n-1)$ 至少少一个元素，依此类推知，只要适当地选取 $a_1,a_2,\cdots,a_{n-1}$，就能做到

$$|A(f_{n-1},2n-1)|<|A(f_{n-2},2n-1)|<\cdots$$
$$<|A(f_1,2n-1)|$$
$$<|A(x^2,2n-1)|\leqslant n.$$

当然，其实还应说明，当某个 $A(f_i,2n-1)$ 已经达到只有一个元素时，后面的集 $A(f_{i+1},2n-1),\cdots$ 就定格在 1 个元素，不会再下降到 0 个元素成为空集. 因此，$|A(f_{n-1},2n-1)|=1$，再适当选取 a_n，便可使 $2n-1\,|\,f_{n-1}(x)+a_n$.

评注 本题粗看上去似乎有点不可思议，因为所有的 a_i 与 x 无关，解法还是很清楚的，一开始就减少很多，而后却只能一点一点地减少（步履维艰！）.

75. 整除问题 2

一个无限严格递增的正整数列 $a_1 < a_2 < a_3 < \cdots$，任何相邻两项之差的绝对值不超过某个常数，求证：必定存在 $i < j$，使 $a_i \mid a_j$.

证明 设数列 $\{a_1, a_2, a_3, \cdots\} = A$，相邻两项之差 $\leqslant d$，d 是一个正整数，于是易知对任意连续 d 个正整数，其中至少有一个是 A 中的元素.

今构造无限数阵如下：

$$b_1+1, \quad b_1+2, \quad b_1+3, \quad \cdots, \quad b_1+d$$
$$b_2+1, \quad b_2+2, \quad b_2+3, \quad \cdots, \quad b_2+d$$
$$b_3+1, \quad b_3+2, \quad b_3+3, \quad \cdots, \quad b_3+d$$
$$\cdots\cdots$$

满足 $b_1+1 \mid b_2+1, b_1+2 \mid b_2+2, \cdots, b_1+d \mid b_2+d \Leftrightarrow b_1+1, b_1+2, \cdots, b_1+d \mid b_2-b_1$，故可令 $b_2 = (b_1+d)! + b_1$ 即可.

同理定义 $b_3 = (b_2+d)! + b_2, \cdots$，这样整除性一直延续下去.

由于每一行都有 A 的元素，因此对于 $d+1$ 行，必有两个 A 中的元素处于同一列，不妨设为 $b_i + k$ 与 $b_j + k$，$i < j$，由 $b_i + k \mid b_{i+1} + k, b_{i+1} + k \mid b_{i+2} + k, \cdots, b_{j-1} + k \mid b_j + k$，得 $b_i + k \mid b_j + k$.

评注 我们其实用抽屉原理证明了强得多但估计粗糙的结论.

76. 整除问题 3

求证：(1) 若 A、B 分别是不同的一个 $1,2,\cdots,7$ 的排列，则 A、B 不存在整除关系；(2) 若 A、B 分别是不同的一个 $1,2,\cdots,6$ 的排列，则 A、B 不存在整除关系.

证明 不妨设 $A<B$.

(1) 若 $A\mid B$，则 $A\mid B-A$，但 $A\equiv 1+2+\cdots+7=28\equiv 1\pmod 9$，$(A,9)=1$，易知 $9\mid B-A$，于是 $9A\mid B-A\Rightarrow 10A\leqslant B$，矛盾.

(2) 若 $A\mid B$，则 $A\mid B-A$，但 $A\equiv 1+2+\cdots+6=21\equiv 3\pmod 9$，$(A,9)=3$，易知 $9\mid B-A$，于是 $3A=[9,A]\mid B-A$，因为 $7A>B$，所以 $B=4A$，但 A 中的 2 乘以 4 后，考虑进位，得到的 B 的对应位是 8、9 或 0，不可能.

评注 这道题耐人回味之处是两种情形的差别，不过推广到 $1,2,\cdots,8$ 的排列，恐怕就不易奏效了.

77. 整除问题 4

求所有正整数 x、y，满足 $x\mid y^2+1$，$y^2\mid x^3+1$.

解 易知 $xy^2\mid y^2+x^3+1$，设 $y^2+x^3+1=kxy^2$，得 $y^2=$

$\dfrac{x^3+1}{kx-1}$,于是 $kx-1 \mid x^3+1$.(下由对称性暂不考虑 y^2.)

$$kx-1 \mid x^3+1 \Rightarrow kx-1 \mid x^3+kx \Rightarrow kx-1 \mid x^2+k$$
$$\Rightarrow kx-1 \mid x^2k+k^2 \Rightarrow kx-1 \mid x+k^2,$$

由于 $kx-1 \mid x^2+k$,$kx-1 \mid x+k^2$ 对称,因此不妨设 $k \leqslant x$.

(1) 若 $2(kx-1) \leqslant x+k^2 \leqslant x+kx$,即 $kx \leqslant x+2$,于是只有以下可能:

$$k=1;\quad \text{或}\quad k=2,\ x=2.$$

对于 $k=1$,$x-1 \mid x+1 \Rightarrow x=2,3$,$(x,k)=(2,1),(3,1)$.

(2) 若 $kx-1=x+k^2$,$x=\dfrac{k^2+1}{k-1} \Rightarrow k-1 \mid 2$,$k=2,3$,$x=5$,综上,$(x,k)=(1,2),(2,1),(1,3),(3,1),(2,2),(2,5),(5,2),(3,5),(5,3)$,得 $(x,y)=(2,3),(1,1),(2,1),(5,3)$.

评注 这是一道非常典型的题目,告诉我们数论是如何把代数"妖魔化"的,这类题目的解题步骤中多数是属于代数的,但这种代数运算(尤其是不等式)完全被数论操纵,而且是隐性地操纵,使得我们一时半会找不到计算的方向.

78. 最大公约数

设 p 为素数,给定 $p+1$ 个不同的正整数,证明:可以从中取出这样一对数,使得将两者中较大的数除以两者的最大公约数后,所得的商不小于 $p+1$.

证明 先证一个引理:若整数 $b>a>0$,且 $b \equiv a \not\equiv$

$0 \pmod{p}$，则 $\dfrac{b}{(a,b)} \geq p+1$.

论证如下：易知 $((a,b),p)=1$，且

$$(a,b) \mid b-a = \dfrac{b-a}{p} \cdot p \Rightarrow (a,b) \mid \dfrac{b-a}{p} > 0,$$

于是 $(a,b) \leq \dfrac{b-a}{p}$，故 $\dfrac{b}{(a,b)} \geq \dfrac{b}{b-a} \cdot p > p$，所以整数 $\dfrac{b}{(a,b)} \geq p+1$. 证毕.

注意引理的题设需三个条件.

现在回到原题.

易知这 $p+1$ 个数除以它们的最大公约数后，结论不变，因此可设这 $p+1$ 个数互质.

由抽屉原理，这 $p+1$ 个数中必有两数模 p 同余，于是由引理，它们必定都被 p 整除，否则结论已成立.

因此，这 $p+1$ 个数中，是 p 倍数的至少有 2 个，不是 p 倍数的至少有 1 个. 我们先选两个，一个设为 $p^\alpha s$，另一个设为 t，这里 s、t 都不是 p 的倍数.

若 $\alpha \geq 2$，则 $\dfrac{p^\alpha s}{(p^\alpha s, t)} = \dfrac{p^\alpha s}{(s,t)} \geq p^\alpha > p+1$，得证. 于是我们可以设这 $p+1$ 个数分别为 $pa_1, pa_2, \cdots, pa_m, b_1, b_2, \cdots, b_n$，$m+n=p+1$，这里 $a_1, a_2, \cdots, a_m, b_1, b_2, \cdots, b_n$ 均与 p 互质（允许有相等，比如某个 $a_i = b_j$，不过由题设，显然 $b_1, b_2, \cdots, b_n$ 中无相等数，$a_1, a_2, \cdots, a_m$ 中也无相等数）.

再由抽屉原理，$a_1, a_2, \cdots, a_m, b_1, b_2, \cdots, b_n$ 中必有两数模 p 同余.

如果这两数出自 $b_1, b_2, \cdots, b_n$，则由引理知得证.

如果这两数出自 $a_1, a_2, \cdots, a_m$，不妨设是 $a_i < a_j$，有

$$\frac{pa_j}{(pa_i, pa_j)} = \frac{a_j}{(a_i, a_j)} \geqslant p+1.$$

如果这两数分别为 a_i, b_j，且 $a_i \neq b_j$，则

$$\frac{\max(pa_i, b_j)}{(pa_i, b_j)} = \frac{\max(pa_i, b_j)}{(a_i, b_j)} \geqslant \frac{\max(a_i, b_j)}{(a_i, b_j)} \geqslant p+1.$$

于是，可设这两个数为 a、a（即原来 $p+1$ 个数中有 a、pa），由于 $a_1, a_2, \cdots, a_m, b_1, b_2, \cdots, b_n$ 中没有 p 的倍数，因此还至少有一对模 p 同余，它们若不相等，已证，所以也必须相等，设为 b、b（即原来 $p+1$ 个数中有 b、pb）。

显然 $a \neq b$（否则 $b_1, b_2, \cdots, b_n$ 中有两个 b），不妨设 $a < b$，于是

$$\frac{pb}{(pb, a)} = \frac{pb}{(a, b)} \geqslant p \frac{b}{a} > p, \quad 即 \quad \frac{pb}{(pb, a)} \geqslant p+1.$$

评注 本题解法提供了一种清晰的想法，亦是有章可循的，但在赛场上有限的时间内要理清楚，绝非易事.

79．最小公倍数

正整数 $a \leqslant b \leqslant c \leqslant d, (a, b, c, d) = 1, a+b+c+d = [a, b, c, d]$，求所有可能的解.

解 $[a, b, c, d] = a+b+c+d \leqslant 4d$，而 $d \mid [a, b, c, d]$，故 $[a, b, c, d] = 2d, 3d$ 或 $4d$.

(1) 若 $[a,b,c,d]=4d=a+b+c+d$，只能有 $a=b=c=d$，$[a,b,c,d]=d$，舍去.

(2) 若 $[a,b,c,d]=3d=a+b+c+d$，设 $3d=xa=yb=zc$，$x \geqslant y \geqslant z \geqslant 3$ 为正整数.

$\frac{1}{x}+\frac{1}{y}+\frac{1}{z}+\frac{1}{3}=1$，$\frac{3}{z} \geqslant \frac{1}{x}+\frac{1}{y}+\frac{1}{z}=\frac{2}{3}$，$z \leqslant 4$，则 $z=3,4$.

当 $z=3$ 时，$\frac{2}{y} \geqslant \frac{1}{x}+\frac{1}{y}=\frac{1}{3}$，$y \leqslant 6$，有 $y=6=x$；或 $y=4$，$x=12$.

于是有 $3d=6a=6b=3c$，$a=1,b=1,c=2,d=2$，舍去.

或 $3d=12a=4b=3c$，$a=1,b=3,c=4,d=4$，满足.

当 $z=4$ 时，$\frac{2}{y} \geqslant \frac{1}{x}+\frac{1}{y}=\frac{5}{12}$，$y \leqslant 4$，$y=4$，$x=6$.

于是有 $3d=6a=4b=4c$，$a=2,b=3,c=3,d=4$，满足.

(3) 若 $[a,b,c,d]=2d=a+b+c+d$，同理设 $2d=xa=yb=zc$，$x \geqslant y \geqslant z \geqslant 2$ 为正整数.

$\frac{3}{z} \geqslant \frac{1}{x}+\frac{1}{y}+\frac{1}{z}=\frac{1}{2}$，$z \leqslant 6$，则 $z=3,4,5,6$.

当 $z=3$ 时，$\frac{2}{y} \geqslant \frac{1}{x}+\frac{1}{y}=\frac{1}{6}$，$y \leqslant 12$，有 $y=7,x=42$；$y=8,x=24$；$y=9,x=18$；$y=10,x=15$；$y=12=x$.

于是有 $2d=42a=7b=3c$，$a=1,b=6,c=14,d=21$，满足.

或 $2d=24a=8b=3c$，$a=1,b=3,c=8,d=12$，满足.

或 $2d=18a=9b=3c$，$a=1,b=2,c=6,d=9$，满足.

或 $2d=15a=10b=3c$，$a=2,b=3,c=10,d=15$，满足.

或 $2d=12a=12b=3c, a=1, b=1, c=4, d=6$,满足.

当 $z=4$ 时,$\frac{2}{y} \geqslant \frac{1}{x}+\frac{1}{y}=\frac{1}{4}$,$y \leqslant 8$,有 $y=5, x=20$;$y=6$,$x=12$;$y=8=x$.

于是有 $2d=20a=5b=4c, a=1, b=4, c=5, d=10$,满足.

或 $2d=12a=6b=4c, a=1, b=2, c=3, d=6$,舍去.

或 $2d=8a=8b=4c, a=1, b=1, c=2, d=4$,舍去.

当 $z=5$ 时,$\frac{2}{y} \geqslant \frac{1}{x}+\frac{1}{y}=\frac{3}{10}$,$y \leqslant 6$,$y=5,6$,有 $y=5$,$x=10$.

于是有 $2d=10a=5b=5c, a=1, b=2, c=2, d=5$,满足.

当 $z=6$ 时,$x=y=6$,无解.

综上,有 9 组解:

$$a=1, \quad b=3, \quad c=4, \quad d=4;$$
$$a=2, \quad b=3, \quad c=3, \quad d=4;$$
$$a=1, \quad b=6, \quad c=14, \quad d=21;$$
$$a=1, \quad b=3, \quad c=8, \quad d=12;$$
$$a=1, \quad b=2, \quad c=6, \quad d=9;$$
$$a=2, \quad b=3, \quad c=10, \quad d=15;$$
$$a=1, \quad b=1, \quad c=4, \quad d=6;$$
$$a=1, \quad b=4, \quad c=5, \quad d=10;$$
$$a=1, \quad b=2, \quad c=2, \quad d=5.$$

$a+b+c+d$ 必为下述 7 个数之一:$10, 12, 18, 20, 24, 30, 42$.

评注 本题是一个彻底的结果,原题是,正整数 $a \leqslant b \leqslant c$

$\leqslant d$, $a+b+c+d=[a,b,c,d]$,则 3 或 $5|abcd$.

80. 整根和有理根

设 $\overline{pqr}$ 是一个三位素数,对于方程 $px^2+qx+r=0$,是否有可能:(1) 至少有一个整数根;(2) 两根均为有理数?

解 (1) 若至少有一个整数根 x_0,由韦达定理,另一个根 x_1 与 p 的乘积也是整数. 显然,两根均为负数.
$$px^2+qx+r=p(x-x_0)(x-x_1)$$
$$\Rightarrow \overline{pqr}=(10-x_0)(10p-px_1),$$
括号中两项均大于 10,矛盾.

(2) 若两根均为有理数,设为 $\dfrac{s}{t}$,$\dfrac{m}{n}$,其中 $(s,t)=(m,n)=1$,且 t、$n>0$,s、$m<0$,现证明 $tn|p$,由于
$$p\left(\dfrac{s}{t}\right)^2+q\,\dfrac{s}{t}+r=0 \Rightarrow p\dfrac{s^2}{t}+qs+rt=0,$$
所以 $t|p$,设 $p=kt$,k 为正整数,剩下只需证明 $n|k$,由韦达定理
$$\dfrac{s}{t}+\dfrac{m}{n}=-\dfrac{q}{p},\quad \dfrac{s}{t}\dfrac{m}{n}=\dfrac{r}{p} \Rightarrow s+\dfrac{mt}{n}=-\dfrac{q}{k},\quad \dfrac{sm}{n}=\dfrac{r}{k},$$
于是易知
$$n|tk,\quad n|sk \Rightarrow n|(tk,sk)=(t,s)k=k,$$
证毕. 于是,设 $p=ltn$,l 为正整数.

$$px^2 + qx + r = p\left(x - \frac{s}{t}\right)\left(x - \frac{m}{n}\right) = l(tx - s)(nx - m)$$

$$\Rightarrow \overline{pqr} = l(10t - s)(10n - m),$$

后两项均大于 10,矛盾.

评注 对于三次或一般的 n 次方程,可否建立类似的结论? 请读者考虑不用违达定理,用因式定理及不等式估计、整除基本性质即可.

81. 有理数的构造

求证:存在无限多组有理数 (x, y, z),满足: $x + y + z = 3$, $xyz = 1$.

证明 令 $x = \dfrac{a^2}{bc}, y = \dfrac{b^2}{ac}, z = \dfrac{c^2}{ab}$, a、b、c 是 3 个非零有理数,那么显然满足 $xyz = 1$.

为满足 $x + y + z = 3$,也即 $\dfrac{a^2}{bc} + \dfrac{b^2}{ac} + \dfrac{c^2}{ab} = 3$,或 $a^3 + b^3 + c^3 = 3abc$. 由因式分解知,只需 $a + b + c = 0$ 即可,这样的有理数 a、b、c 自然有无限多组,所以不难得到 (x, y, z) 也有无限多组.

评注 此题若是用 $x = \dfrac{a}{b}, y = \dfrac{b}{c}, z = \dfrac{c}{a}$ 来代换,效果不好. 有意思的是,著名数学家维纳(N. Wiener)曾猜想:不存在 3 个有理数 x、y、z 满足 $x + y + z = xyz = 1$,这道看似奥数试题的

问题,竟然在很长时间内使数学家们束手无策.1960年,中国数论专家柯召运用代数数论,成功地证明了这个猜想,并且引出一系列深刻的工作.这也说明,数论十分"危险",只要稍微改动一点点,就会从普通习题变为世界难题.数学家当然是早就有所体验的,1931年提出的著名的哥德尔不完备定理就是从数论着手的.哥德尔定理说的是,包含初等数论的数学体系,如果是无矛盾(相容)的,那就是不完备的,也就是说,无论公理体系有多么强大,只要这组公理之间无矛盾,就可以找到一个命题,运用这组公理体系既不能证明这个命题对,也不能证明它错!这着实颠覆了数学家对数学的看法.后来,希尔伯特第十问题也得到了否定的回答,通俗地说就是求解不定方程没有固定的算法.

82. 无 理 方 程

解方程 $\sqrt{5}+\sqrt[3]{2}=\sqrt{x}+\sqrt[3]{y}$,其中 x、y 是有理数.

解 答案是 $(x,y)=(5,2)$.下面给出解答.

先证明两个结论.

引理 1 设 m、n、k、x 为有理数,且 $m\sqrt{5}+n\sqrt{x}+k\sqrt{5x}$ 为有理数,且 m、n、k 不全为 0,则 x 或者是一个有理数的平方,或者是一个有理数平方的 5 倍.(字母与原题无关,下同.)

证明 若 $x=0$,结论显然成立,下设 x 不为 0.

显然,若 m、n、k 中有两个为 0,则第三个也为 0,否则已证. 因此它们中至多一个为 0.

若 $kn \neq 0$, 我们有 $x = \dfrac{m^2}{k^2}$ 或 $\dfrac{5m^2}{n^2}$, 这是因为设 $m\sqrt{5} + n\sqrt{x} + k\sqrt{5x} = c$, $n\sqrt{x} + k\sqrt{5x} = c - m\sqrt{5}$, 两边平方, 有

$$x(n + k\sqrt{5})^2 = (c - m\sqrt{5})^2$$
$$\Rightarrow xn^2 + 5xk^2 + 2xnk\sqrt{5} = c^2 + 5m^2 - 2cm\sqrt{5}.$$

于是 $xn^2 + 5xk^2 = c^2 + 5m^2$, $xnk + cm = 0$, 因此

$$xn^2 m^2 + 5xk^2 m^2 = (xnk)^2 + 5m^4,$$
$$(k^2 x - m^2)(n^2 x - 5m^2) = 0,$$

得证.

若 $n = 0$, 则 $m\sqrt{5} + k\sqrt{5x}$ 为有理数, 平方得 $(m + k\sqrt{x})^2$ 为有理数, 即 $mk\sqrt{x}$ 为有理数, x 为有理数平方, 结论依然成立.

若 $k = 0$, 则 $m\sqrt{5} + n\sqrt{x}$ 为有理数, 平方得 $mn\sqrt{5x}$ 为有理数, x 为有理数平方的 5 倍, 结论依然成立.

引理 2 设 l、m、n、k、x 为有理数, 且 $(l + m\sqrt{5} + n\sqrt{x} + k\sqrt{5x})^3$ 为有理数, 且 m、n、k 不全为 0, 则 x 或者是一个有理数的平方, 或者是一个有理数平方的 5 倍.

证明 若 $x = 0$, 结论显然成立, 下设 $x > 0$.

易知 $(l + m\sqrt{5} + n\sqrt{x} + k\sqrt{5x})^3$ 的展开是 $p\sqrt{5} + q\sqrt{x} + r\sqrt{5x} + t$ 的形式, 其中 p、q、r、t 为有理数.

设 $m\sqrt{5} = a$, $n\sqrt{x} = b$, $k\sqrt{5x} = c$, $l = d$. 有

$$(m\sqrt{5} + n\sqrt{x} + k\sqrt{5x} + l)^3$$
$$= (a + b + c + d)^3$$
$$= (a^3 + 3b^2 a + 3c^2 a + 3d^2 a + 6bcd)$$
$$+ (b^3 + 3a^2 b + 3c^2 b + 3d^2 b + 6acd)$$
$$+ (c^3 + 3a^2 c + 3b^2 c + 3d^2 c + 6abd)$$
$$+ (d^3 + 3a^2 d + 3c^2 d + 3b^2 d + 6abc).$$

易知以上加括号的四项分别是 $p\sqrt{5}, q\sqrt{x}, r\sqrt{5x}, t$.

(1) 若 $p = q = r = 0$, 则

$$a^4 + 3a^2 b^2 + 3a^2 c^2 + 3a^2 d^2 + 6abcd$$
$$= b^4 + 3a^2 b^2 + 3b^2 c^2 + 3b^2 d^2 + 6abcd$$
$$= c^4 + 3a^2 c^2 + 3b^2 c^2 + 3d^2 c^2 + 6abcd = 0.$$

易知

$$a^4 - b^4 + 3c^2(a^2 - b^2) + 3d^2(a^2 - b^2) = 0,$$
$$(a^2 - b^2)(a^2 + b^2 + 3c^2 + 3d^2) = 0,$$

有

$$|a| = |b| \quad \text{或} \quad a = b = c = d = 0.$$

如果 $a = b = c = 0$, 则 $m = n = k = 0$, 不符合条件, 舍去.

若 $|a| = |b|$, 则 $m\sqrt{5} = \pm n\sqrt{x}$, 这个时候, 要么 $m = n = 0$, 要么 x 是有理数平方的 5 倍.

若 $m = n = 0$, 则 $(k\sqrt{5x} + l)^3$ 为有理数, 得知 $(5xk^3 + 3l^2 k)\sqrt{5x}$ 为有理数, 如果 x 不是有理数平方的 5 倍, 则 $k(5xk^2 + 3l^2) = 0$, 由于 $x > 0$, 若 $k \neq 0, 5xk^2 + 3l^2 > 0$, $k = 0$, 矛盾, 所以 $k = 0$, 舍去.

(2) 若 p、q、r 不全为 0, 由引理 1, 还是得到 x 是有理数的

平方或有理数平方的 5 倍.

引理 2 得证.

现在回到原题. 用反证法, 若 $x\neq 5, y\neq 2$, 则

$$(\sqrt{5}-\sqrt{x})^3 = (\sqrt[3]{y}-\sqrt[3]{2})^3 = y-2-3\sqrt[3]{2y}(\sqrt[3]{y}-\sqrt[3]{2})$$
$$= y-2-3\sqrt[3]{2y}(\sqrt{5}-\sqrt{x}).$$

$$5+x-2\sqrt{5x} = (\sqrt{5}-\sqrt{x})^2 = \frac{y-2}{\sqrt{5}-\sqrt{x}} - 3\sqrt[3]{2y}$$
$$= \frac{y-2}{5-x}(\sqrt{5}+\sqrt{x}) - 3\sqrt[3]{2y}.$$

则

$$5+x-2\sqrt{5x} - \frac{y-2}{5-x}(\sqrt{5}+\sqrt{x}) = -3\sqrt[3]{2y},$$

符合引理 2 的要求.

于是由引理 2 得, x 是有理数的平方或有理数平方的 5 倍 (因为 $-2\neq 0$).

如果 x 是一个有理数的平方, 则有 $-3\sqrt[3]{2y} = A+B\sqrt{5}$, 这里 A、B 为有理数.

此时两边三次方, 得 $B(3A^2+5B^2)\sqrt{5}=0$, 要么 $B=0$, 要么 $A=B=0$, 所以 B 总是等于 0. 而 $B = -2\sqrt{x} - \frac{y-2}{5-x}$, 所以 $\frac{y-2}{5-x} = -2\sqrt{x}$, 若 $x=0$, 则 $y=2$, 得 $x=5$, 矛盾.

若 $x>0, \frac{y-2}{5-x}<0 \Rightarrow (x-5)(y-2)>0$, 若 $x>5, y>2$, 则 $\sqrt{5}+\sqrt[3]{2}<\sqrt{x}+\sqrt[3]{y}$, 舍去; 若 $x<5, y<2$, 则 $\sqrt{5}+\sqrt[3]{2}>\sqrt{x}+\sqrt[3]{y}$,

同理舍去.

如果 x 是一个有理数平方的 5 倍,则有 $-3\sqrt[3]{2y} = C + D\sqrt{5}$,这里 C、D 为有理数. 同理 $D = 0$,而 $D = -\dfrac{y-2}{5-x} \cdot \left(1 + \sqrt{\dfrac{x}{5}}\right)$,得 $y = 2$,矛盾.

综上,$(x, y) = (5, 2)$.

评注　此题当然很容易猜到答案,但要在有限时间内给出解答,还是因其错综复杂而相当不易的.

83. 十进制问题

考虑所有的正整数对 (a, b),使得数 $a^a \cdot b^b$ 在十进制表示中,末尾恰好有 98 个 0,求所有的满足条件的数对 (a, b),使得 ab 最小.

解　设 $a = 2^p 5^q s, b = 2^m 5^n t$,其中 p、q、m、n 为非负整数,奇数 s、t 与 10 互质.

显然,若 $qa \geqslant 98$,a 的最小值是 50,其次是 75,然后是 100,105,110,115,120,$\cdots$.

分两种情况.

(1) $\begin{cases} pa + mb \geqslant 98 \\ qa + nb = 98 \end{cases}$,此时必有 $qn = 0$,否则 a、b 是 5 的倍数,矛盾.

不妨设 $n=0$,于是 $q>0$, a 是 5 的倍数,与 $qa=98$ 矛盾. 无解.

(2) $\begin{cases} pa+mb=98 \\ qa+nb \geqslant 98 \end{cases}$,同理有 $qn=0$,不妨设 $n=0$. 于是

$\begin{cases} pa+mb=98 \\ qa \geqslant 98 \end{cases}$.

由前易知 $a \geqslant 50$,又 $pa \leqslant 98$, $p=0$ 或 1.

若 $p=0$, $mb=98$,只能有 $m=1$, $b=98$, $qa \geqslant 98$,此时 a 的最小值是 75, $ab=7350$.

若 $p=1$, $m=0$, $a=98$, $q=0$,与 $qa \geqslant 98$ 矛盾.

若 $p=1$, $m \geqslant 1$, a 是小于 98 的偶数,只能是 50, $mb=48$,易知无解.

综上,答案是 7350.

评注 此题虽然不是特别难,却也需要一番思考,在考验解题者的细心和耐心方面是非常合适的.

84. 数字和的重要性质

对于任意正整数 $n>1$,把数字和被 n 整除的正整数从小到大写成一排,求证:相邻两数之差小于一个只跟 n 有关的常数(即不出现任意大的可能).

证明 设 $a<b$ 是任意的两个相邻的且数字和被 n 整除的正整数.

84. 数字和的重要性质

可以把 a 写成 $a = \overline{\cdots i\underbrace{99\cdots 9}_{s\text{个}}j\underbrace{00\cdots 0}_{t\text{个}}}$，其中 $j>0, i<9$，注意 i、s、t 中任一个都允许为 0.

先证明一个重要结论，对于任意正整数 w，存在一个正整数 $k = k(w)$，使得 k 的各位数字和 $S(k)$ 被 w 整除，且 $k < 10^{\left[\frac{w+8}{9}\right]}$.

证明如下：构造一个数 $k = \overline{r\underbrace{99\cdots 9}_{l\text{个}9}}$，且满足 $9l + r = w, 1 \leqslant r \leqslant 9, l = \left[\frac{w-1}{9}\right]$. k 显然满足各位数字和被 w 整除（事实上它就等于 w），于是可得到

$$k \leqslant \underbrace{99\cdots 9}_{l+1\text{个}} = 10^{l+1} - 1 < 10^{l+1} = 10^{\left[\frac{w+8}{9}\right]}.$$

结论证毕.

事实上有更为精确的估计：$k = (1+r)10^l - 1$，此处 $l = \left[\frac{w-1}{9}\right], r = w - 9\left[\frac{w-1}{9}\right]$.

现在分三种情况讨论. 不妨设 $9l + r = n, 1 \leqslant r \leqslant 9, l = \left[\frac{n-1}{9}\right]$. $k = k(n) = \overline{r\underbrace{99\cdots 9}_{l\text{个}9}} = (1+r)10^l - 1$.

(1) 当 $t \geqslant l + 1$ 时，有
$$b \leqslant \overline{\cdots i 99\cdots 9 j 00\cdots 0 r 99\cdots 9} = a + k(n),$$
$$b - a \leqslant \left(n + 1 - 9\left[\frac{n-1}{9}\right]\right)10^{\left[\frac{n-1}{9}\right]} - 1.$$

(2) 当 $s + t + 1 \geqslant l + 1 > t$ 时，我们得到 $b \leqslant \overline{\cdots(i+1)\underbrace{00\cdots 0}_{s+t+1\text{个}}} + m$，这里 m 必须是一个不超过 $s + t + 1$ 位数的非负整数. 显然，要求 m 的各位数字和 $S(m) + 1 \equiv 9s + j \pmod{n}$，或者认为 $S(m)$ 是 $9s + j - 1$ 除以 n 的余数 u，由前

面的证明,这样的 m 存在,且显然
$$m \leqslant k(u) \leqslant k(n-1) = (1+r')10^{l'} - 1 < k(n),$$
此处 $l' = \left[\dfrac{n-2}{9}\right]$, $r' = n - 1 - 9\left[\dfrac{n-2}{9}\right]$,确实不超过 $l+1 \leqslant s+t+1$ 位数. 于是此时
$$b - a \leqslant \overline{(10-j)\underbrace{00\cdots0}_{t\text{个}}} + m \leqslant 9 \times 10^l + k(u)$$
$$\leqslant 9 \times 10^l + k(n-1)$$
$$= 9 \times 10^{\left[\frac{n-1}{9}\right]} + \left(n - 9\left[\dfrac{n-2}{9}\right]\right)10^{\left[\frac{n-2}{9}\right]} - 1$$
$$< \left(n + 9 - 9\left[\dfrac{n-2}{9}\right]\right) \times 10^{\left[\frac{n-1}{9}\right]}.$$

(3) 当 $l+1 > s+t+1$ 时,有
$$b \leqslant \overline{\cdots(i+1)\underbrace{99\cdots9}_{s\text{个}}(j-1)\underbrace{00\cdots0}_{t\text{个}}} < \overline{\cdots(i+1)\underbrace{99\cdots9}_{s\text{个}}j\underbrace{00\cdots0}_{t\text{个}}},$$
此时
$$b - a < 10^{s+t+1} \leqslant 10^l = 10^{\left[\frac{n-1}{9}\right]}.$$

综上,有
$$b - a \leqslant 9 \times 10^{\left[\frac{n-1}{9}\right]} + \left(n - 9\left[\dfrac{n-2}{9}\right]\right)10^{\left[\frac{n-2}{9}\right]} - 1$$
$$\leqslant \left(n + 9 - 9\left[\dfrac{n-2}{9}\right]\right) \times 10^{\left[\frac{n-1}{9}\right]} - 1$$
$$\leqslant 19 \cdot 10^{\left[\frac{n-1}{9}\right]},$$

证毕.

评注 事实上,这是一个很容易想到的问题,这里的估计不错,但还有一点粗糙. 比如对于 $n = 11$ 或 13,精确的上界分别是 38 和 78,而这个估计得到的为 99 和 119.

85. 一道进位制问题

已知正整数 n 的 k 进制表达式的数字和为 $S_k(n)$,求证:
$\frac{1}{2}S_4(n) \leqslant S_8(n) \leqslant 4S_4(n)$.

证明 设 $n = (a_{3k}a_{3k-1}a_{3k-2}\cdots a_2 a_1)_4$,如果 n 的四进制展开中不是 $3k$ 位数,就在其前面补充 0,也就是说允许 a_{3k}、a_{3k-1} 为 0,这是为了讨论之方便,而不影响结论(添加 0 后数字和不变). 显然 $a_1, a_2, \cdots, a_{3k} \in \{0, 1, 2, 3\}$. 于是

$$n = a_{3k} \cdot 4^{3k-1} + a_{3k-1} \cdot 4^{3k-2} + a_{3k-2} \cdot 4^{3k-3} + \cdots + a_2 \cdot 4 + a_1$$
$$= (a_{3k} \cdot 4^2 + a_{3k-1} \cdot 4 + a_{3k-2})4^{3k-3}$$
$$\quad + (a_{3k-3} \cdot 4^2 + a_{3k-4} \cdot 4 + a_{3k-5})4^{3k-6} + \cdots$$
$$\quad + (a_6 \cdot 4^2 + a_5 \cdot 4 + a_4)4^3 + (a_3 \cdot 4^2 + a_2 \cdot 4 + a_1)$$
$$= (a_{3k} \cdot 4^2 + a_{3k-1} \cdot 4 + a_{3k-2})8^{2k-2}$$
$$\quad + (a_{3k-3} \cdot 4^2 + a_{3k-4} \cdot 4 + a_{3k-5})8^{2k-4} + \cdots$$
$$\quad + (a_6 \cdot 4^2 + a_5 \cdot 4 + a_4)8^2$$
$$\quad + (a_3 \cdot 4^2 + a_2 \cdot 4 + a_1).$$

每一个"组",可写为

$$(a_{3i} \cdot 4^2 + a_{3i-1} \cdot 4 + a_{3i-2})8^{2i-2}, \quad i = 1, 2, \cdots, k.$$

由于 $a_{3i} \cdot 4^2 + a_{3i-1} \cdot 4 + a_{3i-2} \leqslant 3 \cdot 4^2 + 3 \cdot 4 + 3 = 63$,$2a_{3i} \leqslant 6$,于是,当 $a_{3i-1} \cdot 4 + a_{3i-2} \leqslant 7$ 时,有

$$a_{3i} \cdot 4^2 + a_{3i-1} \cdot 4 + a_{3i-2} = 2a_{3i} \cdot 8 + a_{3i-1} \cdot 4 + a_{3i-2}$$
$$= ((2a_{3i})(4a_{3i-1} + a_{3i-2}))_8.$$

而当 $8 \leqslant a_{3i-1} \cdot 4 + a_{3i-2} \leqslant 3 \cdot 4 + 3 = 15 < 16$ 时,有

$$8 \leqslant a_{3i-1} \cdot 4 + a_{3i-2} \leqslant 4a_{3i-1} + 3 \Rightarrow a_{3i-1} \geqslant 2,$$

于是

$$a_{3i} \cdot 4^2 + a_{3i-1} \cdot 4 + a_{3i-2} = 2a_{3i} \cdot 8 + a_{3i-1} \cdot 4 + a_{3i-2}$$
$$= (2a_{3i} + 1) \cdot 8 + a_{3i-1} \cdot 4 + a_{3i-2} - 8$$
$$= ((2a_{3i} + 1)(4a_{3i-1} + a_{3i-2} - 8))_8.$$

最后一步是因为 $2a_{3i} + 1 \leqslant 7 < 8$,$a_{3i-1} \cdot 4 + a_{3i-2} - 8 \leqslant 7$. 于是有

$$a_{3i} \cdot 4^2 + a_{3i-1} \cdot 4 + a_{3i-2} = (b_{2i} b_{2i-1})_8.$$

其中 $b_{2i} = 2a_{3i}$,$b_{2i-1} = a_{3i-1} \cdot 4 + a_{3i-2}$;或 $b_{2i} = 2a_{3i} + 1$,$b_{2i-1} = a_{3i-1} \cdot 4 + a_{3i-2} - 8$. 即

$$n = (a_{3k} \cdot 4^2 + a_{3k-1} \cdot 4 + a_{3k-2}) 8^{2k-2}$$
$$+ (a_{3k-3} \cdot 4^2 + a_{3k-4} \cdot 4 + a_{3k-5}) 8^{2k-4} + \cdots$$
$$+ (a_6 \cdot 4^2 + a_5 \cdot 4 + a_4) 8^2 + (a_3 \cdot 4^2 + a_2 \cdot 4 + a_1)$$
$$= (b_{2k} \cdot 8 + b_{2k-1}) 8^{2k-2} + (b_{2k-2} \cdot 8 + b_{2k-3}) 8^{2k-4} + \cdots$$
$$+ (b_4 \cdot 8 + b_3) 8^2 + b_2 \cdot 8 + b_1$$
$$= (b_{2k} b_{2k-1} \cdots b_2 b_1)_8,$$

其中允许 $b_{2k} = 0$,$b_i \in \{0,1,2,3,4,5,6,7\}$ $(i = 1,2,\cdots,2k)$.

下面证明:

$$\frac{1}{2}(a_{3i} + a_{3i-1} + a_{3i-2}) \leqslant b_{2i} + b_{2i-1} \leqslant 4(a_{3i} + a_{3i-1} + a_{3i-2}).$$

$$(*)$$

不等式右侧 $b_{2i} + b_{2i-1} \leqslant 2a_{3i} + 4a_{3i-1} + a_{3i-2} \leqslant 4(a_{3i} + a_{3i-1} + a_{3i-2})$ 显然成立.

至于不等式的左侧,分两种情况.

(1) $2(b_{2i} + b_{2i-1}) = 2(2a_{3i} + 4a_{3i-1} + a_{3i-2}) \geqslant a_{3i} + a_{3i-1} + a_{3i-2}$;

(2) $2(b_{2i} + b_{2i-1}) = 2(2a_{3i} + 4a_{3i-1} + a_{3i-2} - 7) = 4a_{3i} + 7(a_{3i-1} - 2) + a_{3i-1} + 2a_{3i-2} \geqslant a_{3i} + a_{3i-1} + a_{3i-2}$,这时因为由前证有 $a_{3i-1} \geqslant 2$.

式(*)证毕.式(*)共有 k 个式子,全部相加,即得

$$\frac{1}{2}(a_1 + a_2 + \cdots + a_{3k}) \leqslant b_1 + b_2 + \cdots + b_{2k}$$

$$\leqslant 4(a_1 + a_2 + \cdots + a_{3k}).$$

评注 此题是一道不错的数论不等式估计题,不难得出两个界都是精确的.在不等式问题中,精确的界对于建立证明方法往往能起到关键性的作用.

86. 二 重 数

如果一个正整数的十进制表示是由一个不从 0 开始的数字块及紧接在它后面的一个完全相同的块组成的,则称这个数是二重数.例如 360360 是二重数,而 36036 就不是,求证:存在无穷多个二重数是完全平方数.

证明 设 $\overline{AA} = A(10^n + 1)$ 为平方数,其中 A 为 n 位正

整数.

先令 n 为奇数,这样便有 $11\mid 10^n+1$,且此时有
$$10^n+1=11\times\underbrace{9090\cdots9091}_{n-1\text{位}},$$
再继续令 $11\mid\underbrace{9090\cdots9091}_{n-1\text{位}}$,易知只需满足 $11\Big|9\cdot\dfrac{n-1}{2}-1$,或 $11\mid n$ 即可. 此时,仅需令 $A=\dfrac{100}{121}(10^n+1)$ 即可,这是因为
$$\dfrac{10^n+1}{121}=\dfrac{1}{11}\cdot\underbrace{9090\cdots9091}_{n-1\text{位}},$$
是一个 $n-2$ 位数,于是 A 即是 n 位数,而 $\overline{AA}=\left(\dfrac{10}{11}(10^n+1)\right)^2$ 是平方数. 此处 n 是形如 $22k+11(k=0,1,2,\cdots)$ 的数.

评注 这一巧妙解法是几位上海市市北中学的初中生提出的,原来的解法要用到费马小定理,似乎有点"兴师动众". 如果是三重数,情形又如何?请读者思考.

87. 回 文 数

回文数就是倒过来写也一样的数,如 12321,求证:对任意正整数 k,存在一个正整数 n,n 至少能以 k 种方式(即 k 种不同的进位制下)表示成三位回文数.

解 本题即要求存在 $2k$ 个非负整数 $a_i,b_i(1\leqslant i\leqslant k)$ 及 k 个正整数 $m_i(1\leqslant i\leqslant k)$,使得 $n=a_im_i^2+b_im_i+a_i$. 此处还要

求 $a_i, b_i, c_i < m_i$ 以及 $a_i \neq 0$，为简化此题，令 $b_i = 2a_i$，于是 $n = a_i(m_i+1)^2$，可以令 $a_i = c_i^2$，则 $n = (c_i(m_i+1))^2$，$2c_i^2 < m_i$；现令 $c_1 = 1, c_2 = 2, \cdots, c_k = 2^{k-1}$. 则

$m_k = 2^{2k} - 1$，$m_{k-1} = 2^{2k+1} - 1$，$\cdots$，$m_1 = 2^{3k-1} - 1$；

$n = 2^{6k-2}$.

评注 这道构造题其实相当具有迷惑性. 如果不从完全平方入手，恐怕是毫无办法.

88. 构　　造

求证：存在无限多个正整数 n，使对 $n^2 + 3$ 的每个素因子 p，均存在（与 p 有关的）整数 t，满足 $|pt - n| < \sqrt[3]{25n}$.

证明 令 $n = 3^{3k+2}, k = 1, 2, 3, \cdots,$ 且

$m = n^2 + 3 = 3(3^{6k+3} + 1) = 3(3^{2k+1} + 1)(3^{4k+2} - 3^{2k+1} + 1)$

$= 3(3^{2k+1} + 1)(3^{2k+1} + 3^{k+1} + 1)(3^{2k+1} - 3^{k+1} + 1).$

易知 m 的每个素因子 $p = 3$ 或 $p \mid 3^{2k+1} + 1$ 或 $p \mid 3^{2k+1} + 3^{k+1} + 1$ 或 $p \mid 3^{2k+1} - 3^{k+1} + 1$.

$p = 3$ 时，存在 t，使 $|pt - n| = 0$，显然成立.

$p \mid 3^{2k+1} + 1$ 时，存在 t 使 $pt = 3^{3k+2} + 3^{k+1} = n + 3^{k+1}$，而

$3^{k+1} < \sqrt[3]{25 \cdot 3^{3k+2}} \Leftrightarrow 3^{3k+3} < 25 \cdot 3^{3k+2} \Leftrightarrow 3 < 25.$

$p \mid 3^{2k+1} + 3^{k+1} + 1$ 时，存在 t 使

$$pt = (3^{2k+1} + 3^{k+1} + 1)(3^{k+1} - 3)$$
$$= 3^{3k+2} + 3^{2k+2} + 3^{k+1} - 3^{2k+2} - 3^{k+2} - 3$$
$$= n - 2 \cdot 3^{k+1} - 3,$$

此时
$$|pt - n| = 2 \cdot 3^{k+1} + 3 < \sqrt[3]{25 \cdot 3^{3k+2}}$$
$$\Leftrightarrow 6 \cdot 3^k + 3 < \sqrt[3]{225} \cdot 3^k,$$

由于 $6 < \sqrt[3]{225}$,当 k 足够大时,上述不等式成立.

$p \mid 3^{2k+1} - 3^{k+1} + 1$ 时,存在 t 使
$$pt = (3^{2k+1} - 3^{k+1} + 1)(3^{k+1} + 3)$$
$$= 3^{3k+2} - 3^{2k+2} + 3^{k+1} + 3^{2k+2} - 3^{k+2} + 3$$
$$= n - 2 \cdot 3^{k+1} + 3,$$

此时 $|pt - n| = 2 \cdot 3^{k+1} - 3$,由前述知 k 充分大时,当然有 $2 \cdot 3^{k+1} - 3 < \sqrt[3]{25 \cdot 3^{3k+2}}$.

证毕.

评注 本题先是构造 $n = 3^{3k+2}$,接下去估计 $|pt - n|$ 有点麻烦.这是道不错的构造题,其首要目的是因式分解(因式分解很重要!),读者可考虑能否再将两个上界加强.

89. 埃 及 分 数

是否存在 2014 个两两不同的埃及分数(即某个正整数的倒数),每两个的和也是埃及分数? 是否存在无限个两两不同的埃

89. 埃及分数

及分数,每两个的和也是埃及分数?

解 前者是肯定的,后者则是否定的.

对于前者,构造 2014 个正整数

$$a_i = i \cdot 4027!, \quad 1 \leqslant i \leqslant 2014,$$

则对任意 $1 \leqslant i < j \leqslant 2014$,有

$$\frac{1}{a_i} + \frac{1}{a_j} = \frac{1}{4027!}\left(\frac{1}{i} + \frac{1}{j}\right) = \frac{i+j}{ij \cdot 4027!},$$

由于 $i+j \leqslant 2013 + 2014 = 4027$,故 $i+j \mid 4027!$,于是 $\frac{1}{a_i} + \frac{1}{a_j}$ 是埃及分数.

对于后者,用反证法,若无限正整数列 $1 \leqslant b_1 < b_2 < b_3 < \cdots$,满足任两倒数和为埃及分数,由于 $\frac{1}{b_2} + \frac{1}{b_i} > \frac{1}{b_2}$,故

$$\frac{1}{b_2} + \frac{1}{b_i} \geqslant \frac{1}{b_2 - 1}, \quad i = 3, 4, 5, \cdots,$$

于是

$$\frac{1}{b_i} \geqslant \frac{1}{b_2 - 1} - \frac{1}{b_2} = \frac{1}{(b_2 - 1)b_2},$$

$$b_i \leqslant b_2(b_2 - 1),$$

这样的 b_i 只能有有限个,矛盾.

评注 古埃及人喜欢把一些复杂的分数拆成不同的单位分数(如 1/4、1/7)之和,但在别的文明中未见这种做法得以强调,这便是埃及分数的由来.关于埃及分数有很多未解决的猜想,比如判定什么真分数可以拆成 3 个不同埃及分数之和(甚至这个真分数的分子仅仅是 4).

90. 小 数 部 分

求证:对于任意小于 1 的正有理数 r,存在不同正整数 x、y、z,使 $\left\{\dfrac{xyz}{xy+yz+zx}\right\} = r$,其中"$\{\ \}$"表示小数部分.

证明 设 $r = \dfrac{p}{q}$,$p < q$,$(p, q) = 1$,易知若存在正整数 x'、y'、z' 满足 $\left\{\dfrac{x'y'z'}{x'y'+y'z'+z'x'}\right\} = \dfrac{1}{q}$,则令 $x = x'p$,$y = y'p$,$z = z'p$,有 $\left\{\dfrac{xyz}{xy+yz+zx}\right\} = \dfrac{p}{q}$,记 $\dfrac{x'y'z'}{x'y'+y'z'+z'x'} = k + \dfrac{1}{q}$;$k$ 是待定的正整数,则 $\dfrac{1}{x'} + \dfrac{1}{y'} + \dfrac{1}{z'} = \dfrac{q}{kq+1}$;令 $x' = k+1$,则

$$\dfrac{1}{y'} + \dfrac{1}{z'} = \dfrac{q}{kq+1} - \dfrac{1}{k+1} = \dfrac{q-1}{(kq+1)(k+1)},$$

于是只要 $q-1 \mid k+1$;这很容易做到,比如 $k = 2q-3$,$\dfrac{1}{y'} + \dfrac{1}{z'} = \dfrac{1}{4q^2-6q+2}$,令

$$y' = 4q^2 - 6q + 3,\quad z' = (4q^2-6q+2)(4q^2-6q+3)$$

即可.

评注 本题的构造虽不是极为困难,但也是一步一步来的,而不是一步到位,读者可以考虑推广的情形.

91. 非"包含关系"数列

设 $x_1, x_2, \cdots, x_n$ 为正整数,且没有两个数是"包含"关系(例如12是1240的最左边若干位构成的数,称为1240"包含"12,12"被"1240"包含"),证明:$\dfrac{1}{x_1} + \dfrac{1}{x_2} + \cdots + \dfrac{1}{x_n} < 3$.

证明 考察 $x_1, x_2, \cdots, x_n$ 中位数最多的一些数(可以只有一个),然后把这些选中的数分类,除去个位数后凡一样的数归于同一类;显然,同一类的数最多10个.

这些数的倒数和,小于它们分别去掉末尾数后形成的那一个数的倒数,而且把这些数的末尾数去掉,换成这一个数,不影响条件,倒数和增大了.

这样,就把最多位数的数位降低了一位,然后依次操作,去掉一些数,得到一些数,倒数和一直在增大,于是倒数和不大于 $1 + 1/2 + 1/3 + \cdots + 1/9 < 3$.

可用例子来说明这一点.

$\dfrac{1}{1} + \dfrac{1}{2} + \dfrac{1}{4} + \dfrac{1}{33} + \dfrac{1}{35} + \dfrac{1}{667} + \dfrac{1}{668} + \dfrac{1}{669} + \dfrac{1}{6123} + \dfrac{1}{6124} + \dfrac{1}{6126} + \dfrac{1}{6128}$

$< \dfrac{1}{1} + \dfrac{1}{2} + \dfrac{1}{4} + \dfrac{1}{33} + \dfrac{1}{35} + \dfrac{1}{667} + \dfrac{1}{668} + \dfrac{1}{669} + \dfrac{1}{612}$

$< \dfrac{1}{1} + \dfrac{1}{2} + \dfrac{1}{4} + \dfrac{1}{33} + \dfrac{1}{35} + \dfrac{1}{66} + \dfrac{1}{612}$

$$< \frac{1}{1} + \frac{1}{2} + \frac{1}{4} + \frac{1}{33} + \frac{1}{35} + \frac{1}{66} + \frac{1}{61}$$

$$< 1 + \frac{1}{2} + \frac{1}{4} + \frac{1}{6} + \frac{1}{33} + \frac{1}{35}$$

$$< 1 + \frac{1}{2} + \frac{1}{3} + \frac{1}{4} + \frac{1}{6} < 3.$$

评注 此题无疑是道好题,初试时会觉得结论似乎比较显然,但又不容易说清楚,其实归类是关键,很多问题都需要正确地归类(染色问题便是典型).

92. 最 大 乘 积

给定正整数 $n \geqslant 5$,将其表示为彼此两两不相等的正整数之和,求这些正整数之积的最大值.

解 显然,对于每个 n,这样的最大乘积总是存在的,所以我们可以定义 $A = \{a_1, a_2, \cdots, a_k\}$ 就是满足正整数 $a_1 < a_2 < \cdots < a_k$,且 $a_1 a_2 \cdots a_k$ 达到最大的集合(注意现在还未说 A 是唯一的).

下面确定这个集合 A 究竟要满足哪些条件.

首先,如果存在正整数 i、j,满足 $a_1 < i < j < a_k$,且 $i, j \notin A$,由条件可假定 $i-1, j+1 \in A$(或者认为 i、j 分别是满足 $a_1 < i, j < a_k$,且 $i, j \notin A$ 的最小和最大者),于是将 A 中的 $i-1$,$j+1$ 去掉,换上 i、j,由于 $ij - (i-1)(j+1) = j - i + 1 > 0$,矛盾.因此,$A$ 中必定是连续的正整数,或至多是连续正整数中去

掉一个数.

其次,我们证明 $a_1=2$ 或 3.

这是因为,若 $a_1=1$,那么去掉 a_1,将 a_k 换成 a_k+1,乘积增大,矛盾.

若 $a_1\geqslant 5$,此时用 $2,a_1-2$ 替代 a_1,由于 $2(a_1-2)>a_1\Leftrightarrow a_1>4$,矛盾.

若 $a_1=4$,此时看 $a_2(=5$ 或 $6)$,若 $a_2=5$,则用 $2,3,4$ 替代 $4,5$,由于 $2\times 3\times 4>4\times 5$,矛盾;若 $a_2=6$,则用 $2,3,5$ 替代 $4,6$,由于 $2\times 3\times 5>4\times 6$,矛盾.综上,$a_1=2$ 或 3.

最后我们来确定对于怎样的 $n,a_1=2$;怎样的 $n,a_1=3$,以及求出乘积的最大值.

若有 $2+3+\cdots+t-x=n=2+3+\cdots+t'-x'$,此处 $2\leqslant x\leqslant t-1$ 或 $x=0,2\leqslant x'\leqslant t'-1$ 或 $x'=0,t<t',x<x'$.

但此时 $x'\geqslant t'+x\geqslant t'$,矛盾.

同理,对于以 3 开头的、满足要求的数列,若存在,也是唯一的.

这就告诉我们,只需在至多两个"候选项"中进行比较(如果只有一个,就它了!),即只需考虑两个方程构成的方程组

$$\begin{cases} n=2+3+4+\cdots+t-x=\dfrac{t(t+1)}{2}-1-x, \\ n=3+4+5+\cdots+t'-y=\dfrac{t'(t'+1)}{2}-3-y, \end{cases}$$

这里的整数 x、y 分别满足 $0\leqslant x\leqslant t-1,0\leqslant y\leqslant t'-1$.

由乘积最大值的存在性,易知这两个方程(分别称为"第一个"和"第二个"方程)至少一个有解(注意有解也未必满足要求).下面分情况讨论.

(1) 两个方程都有解(这时两个方程也可能是同一个方程,为什么?),则

$$\frac{t(t+1)}{2} - 1 - x = \frac{t'(t'+1)}{2} - 3 - y$$

$$\Rightarrow y - x + 2 = \frac{t'(t'+1)}{2} - \frac{t(t+1)}{2}.$$

注意此时要求多了一点,即 $0 \leqslant x \leqslant t-1, x \neq 1, 0 \leqslant y \leqslant t'-1, y \neq 1, 2$.

若 $t' > t$,则

$$y \geqslant \frac{t'(t'+1)}{2} - \frac{t'(t'-1)}{2} + x - 2 = t' + x - 2,$$

只能 $x = 0, t' = t+1, y = t-1$,此时两个乘积分别为 $t!$ 和 $\dfrac{(t+1)!}{2(t-1)}$,但 $2(t-1) > t+1 \Leftrightarrow t > 3, a_1 = 2$.

若 $t > t'$,则

$$x \geqslant \frac{t(t+1)}{2} - \frac{t(t-1)}{2} + y + 2 = t + y + 2 > t,$$

无解.

若 $t = t'$,则 $x = y + 2 \geqslant 5$,或 $y = 0, x = 2$. 当 $x = y + 2 \geqslant 5$ 时,两个乘积分别为 $\dfrac{t!}{x} = \dfrac{t!}{y+2}$ 和 $\dfrac{t!}{2y}$,但 $2y > y+2 \Leftrightarrow y > 2$, $a_1 = 2$;当 $x = 2, y = 0$ 时,得唯一解 $\dfrac{t!}{2}$,此时 $a_1 = 3$.

在这些情况中,n 为形如 $\dfrac{t(t+1)}{2} - 1 - x, x = 0, 2, 5, 6, \cdots,$ $t - 1$,最大值为 $t!$($x = 0$ 时)和 $\dfrac{t!}{x}$(其他情况).

92. 最 大 乘 积

(2) 第一个方程无解,第二个方程必有解. 也就是 $x=1$. 此时 n 为形如 $\frac{t(t+1)}{2}-2, a_1=3, t'=t+1$, 最大值为 $\frac{(t+1)!}{2t}$.

(3) 第二个方程无解,第一个方程必有解. 也就是 $y=1$ 或 2.

易知当 $y=1$ 时, $t'=t, x=3$, 此时 n 为形如 $\frac{t(t+1)}{2}-4$, $a_1=2$, 最大值为 $\frac{t!}{3}$.

当 $y=2$ 时, $x=4$, 此时 n 为形如 $\frac{t(t+1)}{2}-5, a_1=2$, 最大值为 $\frac{t!}{4}$.

综上,有

$$\text{乘积最大值} = \begin{cases} t!, & n=\frac{t(t+1)}{2}-1, \\ \frac{t!}{x}, & n=\frac{t(t+1)}{2}-1-x, \\ & x=2,3,\cdots,t-1, \\ \frac{(t+1)!}{2t}, & n=\frac{t(t+1)}{2}-2. \end{cases}$$

注意 t、x 是由 n 唯一确定的.

评注 这是比较典型的离散最值问题,对于这类问题(通常比较复杂),调整往往是有效的. 注意那些正整数如果允许相等,则乘积之最大值较易求得——那也是一道比较经典的题目.

93. 惊人的充要条件

相差 2 的素数对称为孪生素数,比如 3 和 5, 17 和 19;此外,定义正整数 n 为好数,如果存在非零整数 a、b 满足 $n = 6|ab| + a + b$,比如 11 是好数,因为此时可以取 $a = 1, b = -2$. 求证:孪生素数有无限对,当且仅当非好数有无限个.

证明 先证明:若 n 非好数,则 $6n - 1, 6n + 1$ 为素数(它们是孪生素数!),用反证法.

若 $6n - 1$ 是合数,则必存在 $s、t > 0$,使
$$6n - 1 = (6s + 1)(6t - 1) = 36st + 6t - 6s - 1,$$
$$n = 6st + t - s = 6|(-s)t| + t - s,$$
n 是好数,矛盾!

若 $6n + 1$ 是合数,则存在 $s、t > 0$,使
$$6n + 1 = (6s + 1)(6t + 1) \text{ 或 } (6s - 1)(6t - 1).$$

当 $6n + 1 = (6s + 1)(6t + 1) = 36st + 6s + 6t + 1$ 时,$n = 6st + s + t$,n 是好数,矛盾!

当 $6n + 1 = (6s - 1)(6t - 1) = 36st - 6s - 6t + 1$ 时,$n = 6st - s - t = 6|(-s)(-t)| - s - t$,$n$ 是好数,矛盾!

于是 $6n - 1, 6n + 1$ 为孪生素数. 这样一来,非好数无限,孪生素数也有无限对.

反之,若 $6n - 1, 6n + 1$ 是素数,则 n 非好数,仍用反证法,若 n 是好数,即 $n = 6|ab| + a + b$,$a、b \neq 0$,分三种情况.

当 a、$b>0$ 时,$n = 6ab + a + b$,$6n + 1 = (6a + 1)(6b + 1)$,$6n + 1$ 非素数,矛盾!

当 $a>0$,$b<0$ 时,$n = -6ab + a + b$,$6n - 1 = (6a - 1) \cdot (-6b + 1)$,$6n - 1$ 非素数,矛盾!

当 a、$b<0$ 时,$n = 6ab + a + b$,$6n + 1 = (-6a - 1) \cdot (-6b - 1)$,$6n + 1$ 非素数,矛盾!

评注 孪生素数猜想说的是"存在无限多对孪生素数",这个已历时一个半世纪之多的著名猜想最近取得了重大进展(特别包括中国数学家张益唐的贡献),但离最终解决还是很远. 本题结论是 Maria Suzuki 于 2000 年提出的,令人惊讶的是等价命题看上去与素数无关. 数学特别是数论真是常常超越直觉.

94. 平 方 和 1

求证:存在连续 3 个正整数,每个都可以表示为两个正整数的平方和,且这两个正整数中的大、小数之比(共有 3 个)均小于 $\dfrac{2012}{2011}$.

证明 令 $x = 2n^4 + 4n^3 + 2n^2$,则

$$x = (n^2 + n)^2 + (n^2 + n)^2,$$
$$x + 1 = (n^2 + 2n)^2 + (n^2 - 1)^2,$$
$$x + 2 = (n^2 + n + 1)^2 + (n^2 + n - 1)^2.$$

易知只要正整数 n 充分大即可.

评注 验证这一结论并不困难,但是它($x = 2n^4 + 4n^3 + 2n^2$)是怎样想到的呢?下面给出一条探索的线索.

首先,由于$(k-1)^2 + (k+1)^2 = 2k^2 + 2$,故设 $x = k^2 + k^2$,$x + 2 = (k-1)^2 + (k+1)^2$,这很正常,但是 $x+1$ 怎么办呢?我们想到设两个参数 α、β(正整数),使
$$2k^2 + 1 = x + 1 = (k+\alpha)^2 + (k-\beta)^2$$
$$= 2k^2 + 2k\alpha - 2k\beta + \alpha^2 + \beta^2,$$
于是解得 $k = \dfrac{\alpha^2 + \beta^2 - 1}{2(\beta - \alpha)}$,令 $\beta - \alpha = 1$,则
$$k = \frac{1}{2}(\alpha^2 + (\alpha+1)^2 - 1) = \alpha^2 + \alpha.$$
这便是答案($\alpha = n$)!耐人寻味的是,我们本想通过 k 求得 α、β,结果却恰好相反,用 α、β 表示了 k.

95. 平 方 和 2

对于任意正整数 n,都能找到一个整数 x,满足 $n < x < n + 3\sqrt[4]{n}$,使得 x 可以表示为两个平方数之和.

证明 若 n 是平方数,则 $n+1$ 即满足要求.

下面设 $n = m^2 + k$,$1 \leqslant k \leqslant 2m$,$s^2 \leqslant k < (s+1)^2$.

现令 $x = m^2 + (s+1)^2 > m^2 + k = n$. 又 $x - n = (s+1)^2 - k$,显然要证明 $(s+1)^2 - k < 3\sqrt[4]{m^2 + k}$. 考虑到 $2m \geqslant k \geqslant s^2$,故 $m \geqslant s^2/2$,于是我们希望证明加强的不等式

$$3\sqrt[4]{n} = 3\sqrt[4]{m^2+k} \geqslant 3\sqrt[4]{\frac{s^4}{4}+s^2} > 2s+1$$
$$\geqslant (s+1)^2 - k = x - n,$$

其实就是证明中间的那个">",即证

$3\sqrt[4]{4s^4+16s^2} > 4s+2$

$\Leftrightarrow 81(4s^4+16s^2) > (4s+2)^4$
$= 256s^4+512s^3+384s^2+128s+16$

$\Leftrightarrow 17s^4 - 128s^3 + 228s^2 - 32s - 4 > 0$

$\Leftrightarrow s^2(17s-43)(s-5) + 13s^2 - 32s - 4 > 0.$

当 $s \geqslant 5$ 时,不等式显然成立.

验证得知,上述不等式对 $s=1,2$ 也成立,但当 $s=3,4$ 时却不成立,需分别处理.

当 $s=3$ 时,$2m \geqslant 9, m \geqslant 5, 3\sqrt[4]{m^2+k} \geqslant 3\sqrt[4]{34} > 7 = 2s+1.$

当 $s=4$ 时,$2m \geqslant 16, m \geqslant 8.$

若 $m \geqslant 9, 3\sqrt[4]{m^2+k} \geqslant 3\sqrt[4]{97} > 9 = 2s+1.$

最后,只剩下 $m=8$ 的情形. 此时的 n 的范围是 65~80 之间.

当 n 的范围是 65~72 时,x 可以取 $73 = 8^2 + 3^2$;

当 n 的范围是 73~79 时,x 可以取 $80 = 8^2 + 4^2$;

当 n 为 80 时,x 可取 82.

评注 有一个证明如下.

设 $a = [\sqrt{n}], b = [\sqrt{n-a^2}]$,令 $k = a^2 + (b+1)^2$,有 $k > a^2 + (\sqrt{n-a^2})^2 = n$,又 $k - n < k - a^2 - b^2 = 2b+1$,即

$$k - n \leqslant 2b \leqslant 2\sqrt{n-a^2} \leqslant 2\sqrt{n-(\sqrt{n}-1)^2}$$
$$< 2\sqrt{2\sqrt{n}} < 3\sqrt[4]{n}.$$

细心的读者可以看出,其实这个有缺陷的证明也只在一个数上不成立,它就是 80,为了它,我们费了一些周折!

96. 平方和 3

对于任意正整数 $n(>1)$,是否存在一个 $n \times n$ 的方格表,其中每格分别填入一个整数,使得每一行、列之和都是互不相等的平方数?

解法一 构造如下(见图 96.1).

图 96.1 中除主、副对角线之外,其余格中均填 0,易知除最后一行,每一行数字和为 $(3^k+1)^2$,$1 \leqslant k \leqslant n-1$,而最后一行数字和为 $(3^n-2)^2$;除第一列,每列数字和为 $(3^k-1)^2$,$1 \leqslant k \leqslant n-1$,第一列数字和是 1,它们两两不相等.

$(3^1-2)^2$	$3(2 \times 3^1 - 1)$				
	$(3^2-2)^2$	$3(2 \times 3^2 - 1)$		...	
		$(3^3-2)^2$	$3(2 \times 3^3 - 1)$	...	
...	...	...	...	...	...
				$(3^{n-1}-2)^2$	$3(2 \times 3^{n-1} - 1)$
					$(3^n-2)^2$

图 96.1

96. 平方和 3

解法二 解法一甚为诡异,下面给出另一种构造(见图 96.2).
图 96.2 中除第一行、第一列外,其余格中均填入 0.

1	4	4^2	...	4^{n-2}	x^2
36					
36^2					
⋮	⋮	⋮	...		
36^{n-2}					
y^2					

图 96.2

设 $1+4+\cdots+4^{n-2}=2x+1$,$1+36+36^2+\cdots+36^{n-2}=2y+1$,$x<y$. 于是每行和依次为 $(x+1)^2,6^2,6^4,\cdots,6^{2n-4},y^2$;每列和依次为 $(y+1)^2,2^2,2^4,\cdots,2^{2n-4},x^2$. 此处 $x=\dfrac{4^{n-1}-4}{6}$,$y=\dfrac{36^{n-1}-36}{70}$.

研究表明,图 96.2 适用于 $n\geqslant 4$.

为使上面这些数两两不等,首先有 $2^2,2^4,\cdots,2^{2n-4},6^2,6^4,\cdots,6^{2n-4}$ 两两不等,其次有 $x^2<(x+1)^2<y^2<(y+1)^2$.

我们希望 $x^2>2^{2n-4}$,即 $4^{n-1}-4>6\times 2^{n-2}\Leftrightarrow 2^{n-2}(2^n-6)>4$,这由 $n\geqslant 4$ 保证.

若有某 k 满足 $x=6^k$,即 $4^{n-1}-4=6^{k+1}$,易知 $k\neq 1$,$k\geqslant 2$,于是 $8\mid 6^{k+1}$,但 $8\nmid 4^{n-1}-4$,矛盾!

若有某 k 满足 $x+1=6^k$,即 $4^{n-1}+2=6^{k+1}$,同理知不可能.

若有某 k 满足 $y=6^k$,即 $36^{n-1}-36=70\times 6^k$,易知 $k\geqslant 2$,

于是 $8\mid 70\times 6^k$, $8\nmid 36^{n-1}-36$, 矛盾!

若有某 k 满足 $y+1=6^k$, 即 $36^{n-1}+34=70\times 6^k$, 同理知不可能.

下面还必须处理 $n=2,3$ 的情形, 分别如图 96.3、图 96.4 所示, 这并不难.

64	225
36	0

图 96.3

1	16	64
36	0	0
324	0	0

图 96.4

解法二让每个填入的数也是平方数!

评注 本题的两种构造方式截然不同, 着实令人回味. 无论如何, 充分利用 0 是首选.

97. 立 方 数

设 p、q、r 是非零整数, $\dfrac{p}{q}+\dfrac{q}{r}+\dfrac{r}{p}=3$, 求证: pqr 是立方数.

证明 易知一个结论:
$$a^3+b^3+c^3=3abc \Leftrightarrow a+b+c=0 \quad 或 \quad a=b=c.$$

97. 立 方 数

显然此题中

$$a = \sqrt[3]{\frac{p}{q}}, \quad b = \sqrt[3]{\frac{q}{r}}, \quad c = \sqrt[3]{\frac{r}{p}}.$$

当 $a = b = c$ 时,即

$$\frac{p}{q} = \frac{q}{r} = \frac{r}{p} = \sqrt[3]{\frac{p}{q} \cdot \frac{q}{r} \cdot \frac{r}{p}} = 1, \quad p = q = r, \quad pqr = p^3,$$

得证.

当 $a + b + c = 0$ 时,即

$$\sqrt[3]{\frac{p}{q}} + \sqrt[3]{\frac{q}{r}} + \sqrt[3]{\frac{r}{p}} = 0,$$

$$\sqrt[3]{\frac{p}{q}} + \sqrt[3]{\frac{q}{r}} = -\sqrt[3]{\frac{r}{p}},$$

$$\sqrt[3]{\frac{p^2}{qr}} + \sqrt[3]{\frac{pq}{r^2}} = -1,$$

即 $\dfrac{p}{\sqrt[3]{pqr}} + \dfrac{\sqrt[3]{pqr}}{r} = -1$,设 $\sqrt[3]{pqr} = x$,则

$$\frac{p}{x} + \frac{x}{r} = -1, \quad pr + x^2 = -xr, \quad x^2 = -xr - pr,$$

$$x^3 = -x^2 r - xpr = -(-xr - pr)r - xpr = r(r-p)x + pr^2,$$

即

$$r(r-p)x = pqr - pr^2 = pr(q-r).$$

若 $p = r$,则 $q = r = p$,得证.

若 $p \neq r$,则 $x = \dfrac{p(q-r)}{r-p}$,说明 $\sqrt[3]{pqr}$ 是一有理数,设 $\sqrt[3]{pqr} = \dfrac{s}{t}$,$(s,t) = 1, t > 0$,则 $pqr = \dfrac{s^3}{t^3}$,$t^3 | s^3 \Rightarrow t | s$,故 $t = 1, pqr =$

s^3 为立方数.

评注 本题还有一个"夸张"的推广,只要 $\dfrac{p}{q}+\dfrac{q}{r}+\dfrac{r}{p}$ 是整数,pqr 就是立方数. 方法自然完全不同,请读者考虑.

98. 立 方 和

对于怎样的素数 p 和正整数 n(这里 n 不被 3 整除),p^n 可以表示为连续整数(允许一个)的立方和?

解 设 $p^n=(x+1)^3+(x+2)^2+\cdots+y^3, y\geqslant x+1$.

由于互为相反数的立方会抵消,不妨设 $x\geqslant 0$. 于是

$$p^n=\left(\dfrac{y(y+1)}{2}\right)^2-\left(\dfrac{x(x+1)}{2}\right)^2$$

$$=\dfrac{y^2+x^2+y+x}{2}\cdot\dfrac{y^2-x^2+y-x}{2},$$

设

$$\begin{cases}\dfrac{y^2+x^2+y+x}{2}=p^t,\\ \dfrac{y^2-x^2+y-x}{2}=p^s,\end{cases}\quad t>s,\quad t+s=n.$$

则

$$(y-x)(y+x+1)=2p^s,$$

$$\begin{cases}y-x=p^u\\ y+x+1=2p^v\end{cases}\quad\text{或}\quad\begin{cases}y-x=2p^u,\\ y+x+1=p^v,\end{cases}$$

代入

$$2(y^2+x^2)+2(y+x)=4p^t=(y-x)^2+(y+x)^2+2(y+x)$$
$$=(y-x)^2+(y+x+1)^2-1,$$

得

$$4p^t=p^{2u}+4p^{2v}-1 \quad 或 \quad 4p^t=4p^{2u}+p^{2v}-1.$$

对第一种情况,$v \geqslant u$,故只能有 $u=0$,否则 $p|1$,故 $y=x+1$,$p^n=y^3$,$3|n$,舍去.

对第二种情况,$v>u$,$p\neq 2$,否则 $4p^{2u}+p^{2v}-1$ 为奇数,不等于 $4p^t$,故 $p \geqslant 3$ 且为奇数. 又 $u=0$,否则 $p|1$,于是得

$$4p^t=p^{2v}+3, \quad p|3, \quad p=3.$$

若 $t \geqslant 2$,$9|4p^t$,p^{2v},矛盾,故 $t=1$,$v=1$,$x=0$,$y=2$,即 $3^2=1^3+2^3$,$n=2$.

评注 这是一类非常典型的问题,因式分解是首要的基本功,剩下的是细致的因子分析.

99. 不 定 方 程

求方程 $24(abcd+1)=5(a+1)(b+1)(c+1)(d+1)$ 的正整数解.

解 不妨设 $a \leqslant b \leqslant c \leqslant d$. 由

$$24abcd < 5(a+1)(b+1)(c+1)(d+1),$$

得

$$\frac{24}{5} < \left(1+\frac{1}{a}\right)\left(1+\frac{1}{b}\right)\left(1+\frac{1}{c}\right)\left(1+\frac{1}{d}\right) \leqslant \left(1+\frac{1}{a}\right)^4,$$

知 $a=1$ 或 2.

又从原方程看出,a,b,c,d 中必有奇数,故若 $a=2$,则 $\frac{24}{5} \leqslant \frac{3}{2} \cdot \frac{3}{2} \cdot \frac{3}{2} \cdot \frac{4}{3} = \frac{9}{2}$,矛盾,故 $a=1$. 原方程变为
$$24(bcd+1) = 10(b+1)(c+1)(d+1),$$
$$12(bcd+1) = 5(b+1)(c+1)(d+1).$$

同样有
$$\frac{12}{5} < \left(1+\frac{1}{b}\right)\left(1+\frac{1}{c}\right)\left(1+\frac{1}{d}\right) \leqslant \left(1+\frac{1}{b}\right)^3, \quad b=1 \text{ 或 } 2.$$

若 $b=1$,则 $6(cd+1) = 5(c+1)(d+1)$,即
$$cd - 5c - 5d + 1 = 0, \quad (c-5)(d-5) = 24,$$
$$(c,d) = (6,29),(7,17),(8,13),(9,11).$$

若 $b=2$,则 $4(2cd+1) = 5(c+1)(d+1)$,即
$$3cd - 5c - 5d - 1 = 0, \quad (3c-5)(3d-5) = 28,$$
$$(c,d) = (2,11),(3,4).$$

综上,有
$$(a,b,c,d) = (1,1,6,29),(1,1,7,17),(1,1,8,13),$$
$$(1,1,9,11),(1,2,2,11),(1,2,3,4)$$
及其排列.

评注 要否定一个不定方程有解,一般用模就够了(常见的如 3、4、7、8、9、10、16 等),但是有的不定方程有小的解,这个时候不等式(对称性也很重要)可能就派上用场了. 一般是先估计出最小的一个,然后慢慢"顺藤摸瓜",最终将其他解一个个地搜索出来. 整个过程像是探案. 不等式其实是排除法,用于限定范围,但必须是"有效的",如估计出范围是 1~20 之间,如果是"大于 30"之类,就无效;再加上用模,比如模 4 余 1,与"1~20 之

间"一结合,搜索范围又减小了.这些限制都是好的"目击证据":目击证人提供的信息除了必须真实,还要"有效",如身高、特征(脸上有疤等),而性别、年龄、穿什么衣服之类就是差一点的证据.数论中的某些题也一样,一开始几个数需要通过一些限制求得,这样可以减少搜索成本,最后几个数就可以枚举了,就像警察若是充分利用目击证人的信息(排除),就不必挨家挨户地查了,最终抓到五六个犯罪嫌疑人,——审讯(枚举)就可以了.

100. 屡试不爽"瘦身法"1

设正整数 $a<b<c<d$, $ad=bc=n$, 是否存在无限个这样的 n, 满足 $c+d-a-b<2014^{2014}$? $b+d-a-c<2014^{2014}$ 呢?

解 前者是否定的, 而后者是肯定的.

设 $\dfrac{d}{c}=\dfrac{b}{a}=\dfrac{m}{k}>1$, $(m,k)=1$, $a=sk$, $b=sm$, $c=tk$, $d=tm$, $t>s$, $c+d-a-b=tk+tm-sk-sm=(t-s)(k+m)<2014^{2014}$. 又 $b<c \Rightarrow sm<tk$, $\dfrac{m}{s}<\dfrac{t}{s}$, $\dfrac{1}{k}\leqslant\dfrac{m-k}{k}<\dfrac{t-s}{s}$,

$t-s>\dfrac{s}{k}$, 代入前式, 有

$s<s\left(1+\dfrac{m}{k}\right)=\dfrac{s}{k}(k+m)<(t-s)(k+m)<2014^{2014}$,

$t-s<2014^{2014}$, $t<2\cdot 2014^{2014}$,

$2014^{2014}>k+m\geqslant 2\sqrt{km}$,

$n=stkm<2014^{2014}\cdot 2\cdot 2014^{2014}(2014^{2014})^2/4<2014^{8056}$,

这样的 n 有限.

满足 $b+d-a-c<2014^{2014}$ 的 n 无限,令 $n=2k(k+1)$, $a=k, b=k+1, c=2k, d=2(k+1)$,则
$$b+d-a-c=k+1+2k+2-k-2k=3.$$

评注 设 $\dfrac{d}{c}=\dfrac{b}{a}=\dfrac{m}{k}$, $(m,k)=1, a=sk, b=sm, c=tk$, $d=tm$,被作者称为"瘦身法",其实就是小学数学的约分原理,这个方法因为能与因式分解结合,有时很有威力. 此外,互质本身也能建立很强的条件. 因此,解数学题的时候,要注意发掘更强的条件,有的是隐藏的(如平面几何的一些已知结论,你不知道就吃亏了);有的是推出的(如数论、函数方程中的一些条件——互质等);还有就是反证法.

101. 屡试不爽"瘦身法"2

求证:不存在正整数 a、b、c、d、n,满足 $n^2<a<b<c<d<(n+1)^2$,且 $ad=bc$.

证明 用反证法,若这样的 a、b、c、d 存在.

设 $\dfrac{d}{c}=\dfrac{b}{a}=\dfrac{m}{k}>1, (m,k)=1, m,k>0$. 则
$$a=sk,\quad b=sm,\quad c=tk,\quad d=tm,\quad t>s\geqslant 1.$$
于是
$$(n+1)^2>d=tm\geqslant(s+1)(k+1)=sk+s+k+1$$
$$\geqslant sk+2\sqrt{sk}+1=a+2\sqrt{a}+1$$

$$= (\sqrt{a}+1)^2 > (n+1)^2,$$

矛盾!

评注 有时在数论问题中要用到一点平均不等式之类的定理,不过都是很初级的,它的难度不在于不等式本身,而在于如何使用.

102. 屡试不爽"瘦身法"3

设非负整数 $a<b<c<d$,且 $k=a^2+d^2=b^2+c^2$,求证:k 是合数.

证明 $d^2-c^2=b^2-a^2 \Rightarrow (d+c)(d-c)=(b+a)(b-a)$
$\Rightarrow \dfrac{d+c}{b+a}=\dfrac{b-a}{d-c}.$

设 $\dfrac{d+c}{b+a}=\dfrac{b-a}{d-c}=\dfrac{m}{n}>1$,$m$、$n$ 为正整数,且 $(m,n)=1$.
又设 $d+c=sm, b+a=sn, b-a=tm, d-c=tn$,显然 $s>t \geq 1$.于是 $b=\dfrac{sn+tm}{2}, c=\dfrac{sm-tn}{2}$. 则

$$k=\left(\dfrac{sn+tm}{2}\right)^2+\left(\dfrac{sm-tn}{2}\right)^2$$
$$=\dfrac{s^2n^2+t^2m^2+s^2m^2+t^2n^2}{4}=\dfrac{(s^2+t^2)(m^2+n^2)}{4}.$$

由于 $(m,n)=1$,因此有两种可能:

(1) m、n 均为奇数,此时 $10 \leq m^2+n^2 \equiv 2 \pmod{4}$,于是

必须有 $2|s^2+t^2 \geqslant 5$,这说明,$\dfrac{s^2+t^2}{2}$,$\dfrac{m^2+n^2}{2}$ 均为大于 1 的整数,故 k 为合数.

(2) m、n 一奇一偶,那么有 $4|s^2+t^2$,由模 4 易知 s、t 均为偶数,$s \geqslant 4$,$t \geqslant 2$,$\dfrac{s^2+t^2}{4} \geqslant 5$,又 $m^2+n^2 \geqslant 5$,故 k 为合数.

证毕.

评注 毫无疑问,本题继续印证了"瘦身法"的强大力量,数论似乎在驾驭着代数,让它创造奇迹,确实值得欣赏. 易知本题关键步骤是 $\dfrac{d+c}{b+a} = \dfrac{b-a}{d-c} = \dfrac{m}{n} > 1$,$m$、$n$ 为正整数,且 $(m,n)=1$,这使我们看到了希望,而 $k = \dfrac{(s^2+t^2)(m^2+n^2)}{4}$ 则是整部大戏的高潮,至于后面的讨论,那已是"高潮落幕"后的"例行公事"了(我们顺便还证明了 k 至少是 25,尽管这个结果不难得到). 数论像是编剧,而代数或分析则是演员,有时推导看似遥遥无期,山穷水尽然又柳暗花明,在似乎是不经意处,一个等式或不等式戏剧性地横空出世,一切便豁然开朗——这正是最令人感慨的地方,是数论的魅力所在.

103. 无穷递降 1

已知正整数 a、b、k 满足 $k = \dfrac{a^2+b^2}{ab-1}$,求证:$k=5$.

证明 不妨设 $a \leqslant b$.

当 $a=b$ 时,$k=\dfrac{2a^2}{a^2-1}=2+\dfrac{2}{a^2-1}$,$a^2-1=1$ 或 2,无解,故 $a<b$.

当 $a=1$ 时,$k=\dfrac{b^2+1}{b-1}=b+1+\dfrac{2}{b-1}\Rightarrow b=2$ 或 3,$k=5$.

下设 $1<a<b$.且不妨设对某个 k,若有解,则必有最小解,不妨设 $a+b$ 最小.

由 $a^2+b^2=kab-k$,得关于 b 的方程
$$b^2-kab+a^2+k=0,$$
此方程另一根为 b',由韦达定理
$$\begin{cases}b'+b=ka,\\ b'b=a^2+k,\end{cases}$$
两式分别表明 b' 是整数和正数,于是 b' 是正整数,由 $a+b$ 最小之假定,有 $a+b\leqslant a+b'$,即 $b\leqslant b'$.于是
$$b^2\leqslant b'b=a^2+k,$$
$$k\geqslant b^2-a^2\geqslant b^2-(b-1)^2=2b-1.$$
于是,有
$$2b^2-2b+1=b^2+(b-1)^2\geqslant a^2+b^2=k(ab-1)$$
$$\geqslant(2b-1)(ab-1)$$
$$\geqslant(2b-1)^2=4b^2-4b+1,$$
得 $2b\geqslant 2b^2$,$b\leqslant 1$,与 $1<a<b$ 矛盾.

因此,除了 $k=5$,无其他的数满足条件.

评注 本题如今已不算新题,"韦达定理+无穷递降"是强大武器.不过,此处的解法仍然值得一提,主要是不等式用得好一些,可以减少篇幅.无穷递降据说是费马这位近代数论鼻祖发

明的,但对于处理不对称的二次不定方程乃至高次不定方程,往往还是无能为力,也许数论学家考虑过这一点,于是想到些新办法.

104. 无穷递降 2

求证:存在无限多个正整数 n,使得存在正整数 a、b、c,满足 $n = \dfrac{(a+b)(b+c)(c+a)}{abc}$.

证明 不妨令 $a=1$,于是要求 $n = \dfrac{(b+c)(b+1)(c+1)}{bc}$.

设 $(b,c)=k$,$b=ks$,$c=kt$,$(s,t)=1$,则
$$n = \frac{k(s+t)(ks+1)(kt+1)}{k^2 st} = \frac{(s+t)(ks+1)(kt+1)}{kst}.$$

显然有 $k\mid s+t$,$s\mid kt+1$,$t\mid ks+1$,就令 $k=s+t$,本题要求
$$st\mid(ks+1)(kt+1) \Rightarrow st\mid k(s+t)+1=(s+t)^2+1$$
$$\Rightarrow st\mid s^2+t^2+1.$$

我们来研究 $s^2+t^2+1=3st$,它有一组显著的解 $s=t=1$,或 $s=1$,$t=2$.

若 (s,t) 是其一组解且 $s<t$,由于易知 $s\mid t^2+1$,故 $\left(t,\dfrac{t^2+1}{s}\right)$ 也是一组解,且 $\dfrac{t^2+1}{s}>\dfrac{t^2+1}{t}>t$.

由这一过程,可以得到无穷多组解:

(1,1), (1,2), (2,5), (5,13), (13,34), (34,89), ….

原来是斐波那契数列中的两项.

由于

$$n = \frac{(ks+1)(kt+1)}{st} = (s+t)^2 + \frac{k(s+t)+1}{st} > (s+t)^2,$$

随着 s、t 的无限增加,n 也无限增加,故这样的 n 有无穷多个.

评注 本题需要抛弃细节、大胆猜测,比如令 $a=1$,$k=s+t$,我们事先未必清楚这样做是否要求过高,但不尝试就不知道.

105. 取整函数的不等式

设 x 是一个大于 1 的非整数,则

$$\left(\frac{x+\{x\}}{[x]} - \frac{[x]}{x+\{x\}}\right) + \left(\frac{x+[x]}{\{x\}} - \frac{\{x\}}{x+[x]}\right) > \frac{16}{3}.$$

证明 设 $\{x\} = a$,$[x] = b$,则 $x = a+b$. 原命题变为

$$\left(\frac{2a+b}{b} - \frac{b}{2a+b}\right) + \left(\frac{a+2b}{a} - \frac{a}{a+2b}\right) > \frac{16}{3}.$$

即证

$$\left(\frac{2a}{b} - \frac{b}{2a+b}\right) + \left(\frac{2b}{a} - \frac{a}{a+2b}\right) > \frac{10}{3}.$$

设 $b/a = t > 1$. 则

$$\frac{b}{2a+b} + \frac{a}{a+2b} = \frac{t}{2+t} + \frac{1}{1+2t} = \frac{t(1+2t)+2+t}{(2+t)(1+2t)}$$

$$= \frac{2t^2+2t+2}{2t^2+5t+2} = 1 - \frac{3t}{2t^2+5t+2}$$

$$= 1 - \frac{3}{2\left(t+\frac{1}{t}\right)+5}.$$

再设 $t + 1/t = s > 2$ (因为 $t > 1$). 所以

$$\left(\frac{2a}{b} - \frac{b}{2a+b}\right) + \left(\frac{2b}{a} - \frac{a}{a+2b}\right) = 2s + \frac{3}{2s+5} - 1.$$

又设 $2s+5 = w$,因为 $s > 2$,所以 $w > 9$. 则

$$\left(\frac{2a}{b} - \frac{b}{2a+b}\right) + \left(\frac{2b}{a} - \frac{a}{a+2b}\right)$$

$$= 2s + \frac{3}{2s+5} - 1 = w + \frac{3}{w} - 6$$

$$= \left(\sqrt{w} - \frac{\sqrt{3}}{\sqrt{w}}\right)^2 + 2\sqrt{3} - 6,$$

易知当 $w \geqslant 9$ 时,$\sqrt{w} - \dfrac{\sqrt{3}}{\sqrt{w}}$ 是 w 的严格递增函数,故

$$\left(\frac{2a}{b} - \frac{b}{2a+b}\right) + \left(\frac{2b}{a} - \frac{a}{a+2b}\right) > 9 + \frac{3}{9} - 6 = \frac{10}{3},$$

证毕.

评注 第 10 届地中海地区数学竞赛有一道关于取整函数"[ ]"以及小数部分"{ }"的不等式题如下.

设 x 是一个大于 1 的非整数,求证:

$$\left(\frac{x+\{x\}}{[x]} - \frac{[x]}{x+\{x\}}\right) + \left(\frac{x+[x]}{\{x\}} - \frac{\{x\}}{x+[x]}\right) > \frac{9}{2}.$$

这道题的题型较为新颖,且具有一定难度,经仔细探究,发现 9/2 并非最佳下界,最佳下界是 16/3.

106. 欧 拉 函 数

设 n 是正整数,解方程 $\varphi(n^2+1)=6n$,φ 为欧拉函数.

解 $n^2 \geqslant \varphi(n^2+1)=6n$,$n \geqslant 6$.

设 $n^2+1=p_1^{a_1} p_2^{a_2} \cdots p_k^{a_k}$,$p_1 < p_2 < \cdots$,由于(根据费马小定理)$n^2+1$ 不含 $4k+3$ 型素因子,所以 $p_1 \geqslant 2$,$p_2 \geqslant 5$,$p_3 \geqslant 13$,$p_4 \geqslant 17$,$p_5 \geqslant 29$,$\cdots$.

由条件

$$(n^2+1)\left(1-\frac{1}{p_1}\right)\left(1-\frac{1}{p_2}\right)\cdots\left(1-\frac{1}{p_k}\right)=6n,$$

于是,有

$$\frac{p_1}{p_1-1} \cdot \frac{p_2}{p_2-1} \cdot \cdots \cdot \frac{p_k}{p_k-1} = \frac{n^2+1}{6n} > \frac{n^2+1}{6\sqrt{n^2+1}} = \frac{\sqrt{n^2+1}}{6}$$

$$= \frac{\sqrt{p_1^{a_1} p_2^{a_2} \cdots p_k^{a_k}}}{6} \geqslant \frac{\sqrt{p_1 p_2 \cdots p_k}}{6},$$

即 $6 > \dfrac{p_1-1}{\sqrt{p_1}} \cdot \dfrac{p_2-1}{\sqrt{p_2}} \cdot \cdots \cdot \dfrac{p_k-1}{\sqrt{p_k}}$,易知 $\dfrac{x-1}{\sqrt{x}}=\sqrt{x}-\dfrac{1}{\sqrt{x}}$ 是 x 的增函数,所以:

若 $k \geqslant 4$,$6 > \dfrac{1}{\sqrt{2}} \cdot \dfrac{4}{\sqrt{5}} \cdot \dfrac{12}{\sqrt{13}} \cdot \dfrac{16}{\sqrt{17}} > 16$,矛盾,因此 $k=1$,2,3.

若 $k=3$,因为 $\frac{1}{\sqrt{2}} \cdot \frac{12}{\sqrt{13}} \cdot \frac{16}{\sqrt{17}} > 9, \frac{1}{\sqrt{2}} \cdot \frac{4}{\sqrt{5}} \cdot \frac{28}{\sqrt{29}} > 6$,故唯有 $p_1=2, p_2=5, p_3=13$ 或 17.

前一种情况得 $4n^2-65n+4=0$,后一种情况得 $(n^2+1)\frac{32}{85}=6n, 3 \mid n^2+1$,舍去.

若 $k=2$,由不等式估计,立得 $p_1=2$,或 $p_1=5, p_2=13$,对于后一种情况,有

$$8n^2-65n+8=0, \quad (8n-1)(n-8)=0, \quad n=8,$$

代入发现满足要求.

对于前一种情况,n 是奇数,有

$$\frac{12np_2}{p_2-1}=n^2+1, \quad 3 \mid p_2-1, \quad p_2 \geqslant 13, \quad \frac{n^2+1}{12n} \leqslant \frac{13}{12},$$

即 $n^2+1 \leqslant 13n, n \leqslant 11, n=7,9,11$,代入,发现无一满足.

若 $k=1, \frac{p_1}{p_1-1}=\frac{n^2+1}{6n}$,当 $p_1=2$ 时,$n^2+1=12n$,无解.

于是 n 为偶数,$\frac{6np_1}{p_1-1}=n^2+1, 3 \mid p_1-1, p_1 \geqslant 13, \frac{13}{12} \geqslant \frac{p_1}{p_1-1}=\frac{n^2+1}{6n}, 2n^2+2 \leqslant 13n, n \leqslant 6$.

将唯一可能的 $n=6$ 代入,满足要求,因此 $n=6,8$.

评注 本题其实对欧拉函数的要求并不高,只需知道定义即可,本题的实质是不等式估计范围,这在数论中已是非常基本、常常也比较诡异的方法,不过此题算不上诡异,解题高手可一下子看出来.

107. 整 点 可 见

设 S 是一个有限个整点组成的集,P 是某一整点,若 S 中任一点和 P 的连线段上:(1) 无其他整点;(2) 无 S 中的整点,则分别称 P 是"可见的""S 可见的".求证:

(1) 对于任何一个 S,总有一个 P 是"S 可见的".

(2) 存在一个 S,使得没有 P 是"可见的".

(3) 对于任何一个 S,总有一个 P,与 S 中任何一点都不"可见".

证明 (1) 不妨设 S 全在第三象限,S 中的点两两连线的斜率中,最小的正数设为 k,令 $P(m,0)$,m 充分大,可使 P 与 S 中任一点连线的斜率为小于 k 的正数,此 P 即为所求.

(2) 设 $S = \{(0,0),(0,1),(1,0),(1,1)\}$,对任一 $P(x,y)$,必有 S 中一点 $Q(x',y')$,使 $x \equiv x'$,$y \equiv y' \pmod 2$,于是 PQ 的中点也是整点.

(3) 对 $S = \{(x_i, y_i) \mid x_i, y_i$ 为整数,$i = 1, 2, \cdots, n\}$,问题即要求一整点 (x,y),使 $(x - x_i, y - y_i) > 1$,约定最大公约数 $(\pm a, \pm b) = (a,b) > 0$.

由中国剩余定理,设 $p_1 < p_2 < \cdots < p_n$ 为素数,不定方程组 $x \equiv x_i \pmod{p_i}$,$y \equiv y_i \pmod{p_i}$ ($i = 1, 2, \cdots, n$) 均有解,于是 $p_i \mid (x - x_i, y - y_i)$,得证.

评注 这三个小题风格不同,对数论(特别是中国剩余定理)颇有要求,值得回味.

108. 集合的划分 1

将 $\{1,2,\cdots,n\}$ 划分成一些三元子集,使得这些子集元素之和相等的充要条件是 $n\equiv 3 \pmod{6}$.

证明 首先易知有 $3\mid n$. $\{1,2,\cdots,n\}$ 元素和为 $\frac{1}{2}n(n+1)$.

每个三元子集的元素和 $=\dfrac{\frac{1}{2}n(n+1)}{\frac{n}{3}}=\frac{3}{2}(n+1)$,故 n 为奇数,于是 $n\equiv 3 \pmod{6}$.

下证当 $n\equiv 3 \pmod{6}$ 时,可以有这样的划分. 设 $n=6k+3$,每个三元子集的元素和 $=\frac{3}{2}(6k+4)=9k+6$.

如何构造这一系列三元子集呢?考虑到 $1\sim 6k+3$ 中,模 3 余 0、余 1、余 2 的一样多,也许可以让每个三元子集中三个元素模 3 两两不同余.

$3s_1+(3s_2-1)+(3s_3-2)=9k+6 \Rightarrow s_1+s_2+s_3=3k+3$,这里 $s_1,s_2,s_3\in\{1,2,\cdots,2k+1\}$. 于是问题变为如何构造一个 $3\times(2k+1)$ 的表,每一行均为 $1\sim 2k+1$ 的排列,而每一列中数之和等于 $3k+3$. 具体构造如下.

第一行从左至右依次为 $1,2,\cdots,2k+1$.

第二行定义为:先是偶数从大到小排列,再是奇数从大到小排列.

总而言之,得到的是如下的 3 行数:

$1,2,3,4,\cdots,k-1,k,k+1,k+2,k+3,\cdots,2k-1,2k,2k+1;$

$2k,2k-2,2k-4,2k-6,\cdots,4,2,2k+1,2k-1,2k-3,\cdots,5,3,1;$

$k+2,k+3,k+4,k+5,\cdots,2k,2k+1,1,2,3,\cdots,k-1,k,k+1.$

于是每列数之和均为 $3k+3$.

评注 此题既典型又精彩.典型在于必要条件和充分条件兼顾.精彩的构造需要一点耐心和大胆的猜测.请读者推广此题.

109. 集合的划分 2

将 $\{1,2,\cdots,124\}$ 按任意方式划分成两个集合,总能满足至少有一个集合中有两数之和为立方数.

解 为此只要观察图 109.1 中的奇数长度的圈.

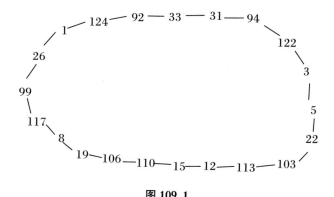

图 109.1

其中连线的两数之和均为立方数.

若$\{1,2,\cdots,124\}$可划分成 A 与 B,使每个集中任两数之和不是立方数.不妨设 $1\in A$,于是

$26\in B, 99\in A, 117\in B, 8\in A, 19\in B, 106\in A, 110\in B,$

$15\in A, 12\in B, 113\in A, 103\in B, 22\in A, 5\in B, 3\in A,$

$122\in B, 94\in A, 31\in B, 33\in A, 92\in B, 124\in A,$

但 $1+124=5^3$.

矛盾.

评注 划分,就是将一个非空集合分成若干个子集,这些子集的并集是原来的那个集合,它们之间两两不交(例如除了极个别荒无人烟的地方,地球上的国家就是对陆地的划分).不难(但是费时)举出两个集合,是$\{1,2,\cdots,123\}$的划分,分别有 61、62 个元素,这两集合的每个中任两元素之和都不是立方数;而$\{1,2,\cdots,124\}$就出现了反例,不过要寻找奇数(21)长度的圈也不太容易.舒五昌教授告诉作者他有一个精巧的解法.平方的情形其答案是众所周知的 15,至于四次方、五次方……若是没有统一的解法,就只能一个个搜索了.

110. 子 集 的 交

设集合 $A_1, A_2, \cdots, A_n$ 满足 $n>1$,$|A_1|=|A_2|=\cdots=|A_n|=m$,$\left|\bigcup_{i=1}^{n} A_i\right|=k$,求证:

$$\max_{i\neq j}|A_i \cap A_j| \geqslant \frac{m(mn-k)}{k(n-1)}.$$

证明 不妨设 $\bigcup_{i=1}^{n} A_i = \{1,2,3,\cdots,k\}$，对每个 $i(1\leqslant i\leqslant n)$，$A_i$ 对应一个向量 $\{a_{i1},a_{i2},\cdots,a_{ik}\}$，其中

$$a_{is} = \begin{cases} 1, & s\in A_i, \\ 0, & s\notin A_i, \end{cases}$$

于是 $|A_i \cap A_j|$ 即为两向量之内积

$$a_{i1}a_{j1} + a_{i2}a_{j2} + \cdots + a_{ik}a_{jk}.$$

求和，得

$$\sum_{i\neq j}|A_i \cap A_j| = \frac{1}{2}\sum_{s=1}^{k}(B_s^2 - \sum_{i=1}^{n} a_{is}^2) = \frac{1}{2}\sum_{s=1}^{k} B_s^2 - \frac{mn}{2}.$$

其中 $B_s = a_{1s} + a_{2s} + \cdots + a_{ns}$，又

$$\sum_{s=1}^{k} B_s^2 \geqslant \frac{1}{k}\left(\sum_{s=1}^{k} B_s\right)^2 = \frac{m^2 n^2}{k},$$

于是

$$\max_{i\neq j}|A_i \cap A_j| \geqslant \frac{1}{C_n^2}\sum_{i\neq j}|A_i \cap A_j|$$

$$\geqslant \frac{m^2 n^2 - kmn}{kn(n-1)} = \frac{m(mn-k)}{k(n-1)}.$$

评注 这类集合问题通过构造"示性"的向量和基本不等式，是较常见的解题方式。

111. "好组"与"坏组"

在 $1,2,3,\cdots,n$ 中任取三个数构成一（无序）组，若三数能

构成一三角形的三边长,称此组为"好组",否则称为"坏组";问是好组多还是坏组多?

解 对每一个组 (a,b,c),$a<b<c$,$a+b>c$ 为好组,定义 $a+b=c$ 为"较坏组",$a+b<c$ 为"超坏组".

考虑如下对应 $(a,b,c)\leftrightarrow(c-b,c-a,c)$.

$$a+b>c \Leftrightarrow (c-b)+(c-a)<c,$$
$$a+b=c \Leftrightarrow (c-b)+(c-a)=c,$$
$$a+b<c \Leftrightarrow (c-b)+(c-a)>c,$$

即 (a,b,c) 是好(超坏)组,当且仅当 $(c-b,c-a,c)$ 是超坏(好)组.于是是坏组多.坏组比好组多出的,就是"较坏组"的数量.

下面计算"较坏组"的个数.

显然,有时 $1\sim n$ 中任两不同数有两组对应一个"较坏组",例如 $(4,6)\leftrightarrow(2,4,6)$,$(2,6)\leftrightarrow(2,4,6)$,第三数为其差的绝对值.但有时是一一对应的,即 $(3,6)\leftrightarrow(3,3,6)$,而这是要去除的,共有 $\left[\dfrac{n}{2}\right]$ 组.

于是"较坏组"有 $\dfrac{1}{2}\left(C_n^2-\left[\dfrac{n}{2}\right]\right)$ 组.

评注 本题若不使用对应法则,也可硬算求得结果,但计算量较大,尤其是在时间有限的比赛中十分费时且极易出错,对应法则甚为高妙,计算量亦大幅下降.读者顺便可以思考"好组"和"坏组"的个数,以及"从 $1,2,\cdots,n$ 中任选三个数能构成一三角形之三边长的概率".

112. 乘法幻方

在 3×3 的表格中填入 9 个两两不同的正整数,使其每行、每列的积相等(设为 p),证明:这是可以实现的,并求 p 的最小值.

证明 乘法幻方既可以通过通常的幻方来构造,也可以通过有理数来构造. 如图 112.1 所示.

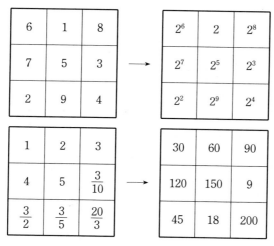

图 112.1

注意第二个构造中 1、2、3、4、5 是自由的.

接下来求 p 的最小值.

易知任意交换两行或两列,性质保持不变,于是可设右下角格中的数为最小. 如图 112.2 所示,分两种情况讨论.

(1) $\dfrac{abcd}{p}=1$,则 $p=abcd\geqslant 2\times 3\times 4\times 5=120$;

(2) $\dfrac{abcd}{p}\geqslant 2$,则必有一行(或列)最小数$\geqslant 4$,于是 $p\geqslant 4\times 5\times 6=120$.

达到 120 的例子如图 112.3 所示.

故 p 的最小值是 120.

a	b	$\dfrac{p}{ab}$
c	d	$\dfrac{p}{cd}$
$\dfrac{p}{ac}$	$\dfrac{p}{bd}$	$\dfrac{abcd}{p}$

图 112.2

2	3	20
4	5	6
15	8	1

图 112.3

评注 构造这样的一个乘法幻方并不困难,而要求 p 的最小值,就比较困难了.

113. 连 通 图

对任意两个不同的正整数 x、y,若 $x+y\mid xy$,则将这两数连一条边,求证:对于全体不小于 3 的正整数,得到的是一个连通图(就是任意两数之间有一系列数依次相连).

证明 如果 $x+y\mid xy$ 且 $x\neq y$,就在 x、y 之间连一条边,即 $x-y$. 若对 x、y,存在 m 及 $a_1\sim a_m$,使 $x-a_1-a_2-\cdots-a_m-$

y,则记为 $x\sim y$. 此题即是求证对任意两个不小于 3 的正整数 a、b,有 $a\sim b$.

注意 $x+y\mid xy \Leftrightarrow x+y\mid x^2$,这是我们尝试的依据.

由 $2k-1$ —— $(2k-1)(2k-2)$ —— $2k(2k-1)$ —— $2k$ $(k\geqslant 2)$,得

$$3\sim 4,\quad 5\sim 6,\quad 7\sim 8,\quad 9\sim 10,\quad \cdots.$$

又由 $2k$ —— $2k(2k-1)$ —— $2k(2k-1)(2k-2)$ —— $2k \cdot (2k-2)$ —— $2k(2k+2)\sim 2k+2(k\geqslant 2)$,得

$$4\sim 6\sim 8\sim 10\sim \cdots$$

于是得

$$4\sim 6\sim 8\sim 10\sim 12\cdots$$
$$\wr \quad \wr \quad \wr \quad \wr$$
$$3 \quad 5 \quad 7 \quad 9$$

证毕.

注意本题中出现字母均表示正整数.

评注 当然,本题实质上是一道属于数论的构造题,很有想法. 如果没有一般的规律,往往就是世界难题,比如"$3x+1$ 猜想"便是典型.

114. 重 排 问 题

设有 m 个白球与 $n(m>n)$ 个黑球随意地排成一个圆圈,

试问:能否找到一个白球,使从这个白球出发沿圆周逆时针方向前进,走到任何一个球时,所经过的白球(包括开始的那个白球)的个数多于所经过的黑球个数?

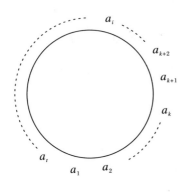

图 114.1

解 如图 114.1 所示,易知有 $t = m + n$,此处 a_j 定义为 $a_j = 1$(该位置放白球时),$a_j = -1$(该位置放黑球时).

圆周上连续数之和总有最小值,不妨设 $a_{k+1} + a_{k+2} + \cdots + a_t = -S$ 为最小,$S < 0$ 结论已证,下设 $S \geqslant 0$. 再设 $a_{k+1} \sim a_t$ 是和达到 $-S$ 的最长一条.

下证 a_1 即满足题目要求. 用反证法.

若有 $1 \leqslant l \leqslant k$, $a_1 + a_2 + \cdots + a_l < 0$, 则 $a_{k+1} + a_{k+2} + \cdots + a_t + a_1 + a_2 + \cdots + a_l < -S$, 矛盾.

若有 $a_1 + a_2 + \cdots + a_l = 0$, 则 $a_{k+1} + a_{k+2} + \cdots + a_t + a_1 + \cdots + a_l = -S$, 于是有更长的一条和等于 $-S$, 矛盾.

若有 $k+1 \leqslant i \leqslant t$, $a_1 + a_2 + \cdots + a_i \leqslant 0$, 由 $a_1 + a_2 + \cdots + a_k = m - n + S$, 得 $a_{k+1} + a_{k+2} + \cdots + a_i \leqslant n - m - S < -S$, 矛盾!

于是 a_1 位置即为所求.

评注 能找到多少个满足这一条件的白球?读者可进一步考虑. 这类问题还包括著名数学家 L. Lovász 的汽车加油问题(在一个环形驰道上任意设置一些加油站,每个加油站都贮备一定数量的汽油,其全部汽油数量恰巧可供一辆汽车沿着驰道跑一圈,证明一定存在一个加油站,使得一辆汽车在那里起跑(一开始汽车无汽油,就在那里加光汽油),循着整个驰道正好跑一圈)等.这类问题其实也体现了离散量的连续原理(最基本的一个版本就是:一些男生和女生坐一排,已知坐在最左边的是男生,坐在最右边的是女生,那么必有一对男女生相邻).这个原理其实也很深刻,尽管对它提得不如极端原理(有限个数必有最大、最小)、抽屉原理(平均数法则)那么多.

115. 考 试 问 题

(1) 一次考试共有 4 道选择题,每题有 A、B、C 共 3 个可能的答案,一批学生参加考试,对于其中任何 3 名学生,都有一道题,每人的答案各不相同,求证:至多有 9 个学生参加考试,并给出达到 9 个学生时满足条件的例子.

(2) 一次考试有 6 道选择题,每道题有 A、B、C、D 共 4 个可能的答案,有 12 个学生参加考试,求证:一定有 4 个学生,对于每道题,其中都有两人答案相同.

证明 (1) 如果有 10 名学生,根据抽屉原理,至少有 $\left[\frac{2}{3} \cdot 10\right]+1=7$ 个人在第一题上的答案最多只有两种;而这 7 个人中,至少有 $\left[\frac{2}{3} \cdot 7\right]+1=5$ 个人在第二题上的答案最多只有两种;这 5 个人中,又至少有 $\left[\frac{2}{3} \cdot 5\right]+1=4$ 个人在第三题上的答案最多只有两种;而这 4 个人中,至少有 $\left[\frac{2}{3} \cdot 4\right]+1=3$ 个

人在第四题上的答案最多只有两种.于是我们找到了 3 个人,他们在所有题目上的解答都并非两两不同.矛盾.

至于 9 个人是有例子的,如图 115.1 所示.

A	A	A	B	B	B	C	C	C
A	B	C	A	B	C	A	B	C
A	B	C	B	C	A	C	A	B
A	C	B	B	A	C	C	B	A

图 115.1

注意起初有些格的选择比较自由,而后的就受到较多的限制.

(2) 用反证法,假设对于任何 4 个人,都存在一道题使他们的答案两两不同.

设第一题有 a 个人答 A,b 个人答 B,c 个人答 C,d 个人答 D.那么在第一题上答案两两不同的四人组有 $abcd$ 个.显然,根据假设,在每道题上答案两两不同的四人组就应该包括 12 个人的所有四人组,这意味着,12 个人的所有四人组的数目,不大于在每道题上答案两两不同的四人组的数目之和.

但是 $abcd \leqslant \left(\dfrac{a+b+c+d}{4}\right)^4 = 3^4 = 81$,易知有 $C_{12}^4 \leqslant 81 \times 6 = 486$,但 $C_{12}^4 = 495$,矛盾.

因此结论成立.

评注 考试问题是一类比较典型的组合问题,涉及存在与构造、局部与整体之类不仅精彩甚至有些深刻的想法.通过这两道题,我们可以感受到这类问题解题方法的灵活多样.

116. 氧 气 瓶

有 2014 个氧气瓶,一开始充入压强不完全相同的气体,每次可任选一些氧气瓶对接,只要求对接氧气瓶的个数不超过某个正整数 k,使这些氧气瓶内气压相同(算术平均),求证:无论初始状态如何,总能使最终所有氧气瓶内气压相等,当且仅当 $k \geqslant 53$.

证明 显然,若是将这 2014 个氧气瓶排成一个 38 行、53 列的 38×53 矩阵,先对每一行进行对接,于是操作了 38 次后,每一行的瓶中的气压就相等了;再对每一列进行对接,也就是说,再操作 53 次,于是所有瓶中的气压就都相等了. 至多操作 91 次.

若是不允许每次对接氧气瓶数达到或超过 53 个,那么,我们可以构造一个初始状态,使得无论操作多少次,也不能使所有氧气瓶的气压相等. 这也不难,如果一开始让 2013 个瓶中的气压是 1,最后一个瓶中的气压是 2,那么,如果我们能调匀,则最终每个瓶中的气压都是 2015/2014,一个显然的既约分数.

一个显然的事实是,一些既约正分数 $p_1/q_1, p_2/q_2, \cdots, p_n/q_n$ 之和也是一个既约正分数 p/q,且由通分知,q 必定整除 $q_1 q_2 \cdots q_n$. 利用这一性质,我们证明,如果氧气瓶的初始状态是 $1, 1, \cdots, 1, 2$,那么我们永远不能使得任何一个瓶中的气压(一个既约分数)的分母被 53 整除,从而不可能是 2014. 这个命题可以归纳地说明,一开始的分母都是 1(气压分别为 $1/1, 1/1, \cdots,$ $1/1, 2/1$). 若在某一次对接前,选择某 n 个氧气瓶的气压分别为既约分数 $p_1/q_1, p_2/q_2, \cdots, p_n/q_n$,假定 $q_1, q_2, \cdots, q_n$ 均非 53 的倍数,对接后,它们的气压全变成 $p/q = (p_1/q_1 + p_2/q_2 + \cdots + p_n/q_n)/n$,易知 q 是 $nq_1q_2\cdots q_n$ 的约数,注意 n 小于 53,所以对接后的气压 p/q 的分母 q 仍然不是 53 的倍数,因此这个性质一直保持着,也就永远不能使得某瓶中的气压达到 $2015/2014$.

最后必须说的是,我们这里是考虑数学的理想状态,不会有漏气之类的事.

图 116.1 是 20 个氧气瓶有解的情形.

图 116.1

评注 此题让我们看到归纳的力量,并且隐藏着的"不被 53 整除",尽管不是通常的不变量,但也是一种"不变性质",两者同属一种重要的思维方式,放弃复杂的细节看本质.显然,这个2014不是本质的,我们可以将它改为任何一个不小于2的正整数,而 k 改为这个正整数的最大素因子.这是道好题,充分体现了初等数论的精神:极少的知识和较高的思维的结合.

117. 关于树的一个命题

对于一个图 G,定义 V^* 为其任一最大独立顶点集(即两两不相邻的点),E^* 为其任一最大独立边集(即两两不相邻的边),证明:若 G 为一 n 个顶点构成的树,则 $|V^*| + |E^*| = n$. 这里"$|A|$"表示某集 A 的元素个数.

证明 用数学归纳法. $n = 2$ 时显然成立.

设 $n \leqslant k - 1$ 时命题成立,现设 $n = k$ 时,G 的一条最长链为 $A_1 A_2 \cdots A_t$,此处 $A_1, A_2, \cdots, A_t$ 为其顶点. 如图 117.1 所示,设 $A_t, A_{t+1}, \cdots, A_{t+m}$ 是所有与 A_{t-1} 相邻的顶点,$t + m \leqslant k$,允许 $m = 0$.

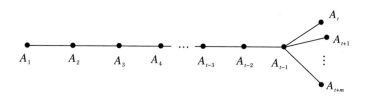

图 117.1

假定 V^*, E^* 已经选好(注意未必唯一).

显然，$A_1, A_t, A_{t+1}, \cdots, A_{t+m}$ 都是度为 1 的悬挂点．

若 $A_{t-1} \in V^*$，则可换成 $A_t, A_{t+1}, \cdots, A_{t+m} \in V^*$，当 $m \geqslant 1$ 时，$|V^*|$ 还会增加，故可认为 $A_{t-1} \notin V^*, A_t \sim A_{t+m} \in V^*$；此外，若 $A_{t-2}A_{t-1} \in E^*$，则可换成 $A_{t-1}A_t \in E^*$，若 $A_{t-2} \cdot A_{t-1} \notin E^*$，也可让 $A_{t-1}A_t \in E^*$，故总可认为 $A_{t-1}A_t \in E^*$，$A_{t-2}A_{t-1} \notin E^*$．

现去除 $A_{t-1}, A_t, \cdots, A_{t+m}$ 及与之相关的边，得一子树 G_0，由归纳假设及刚才的调整知
$$V^* \setminus \{A_{t-1}, A_t, A_{t+1}, \cdots, A_{t+m}\} = V_0^*,$$
$$E^* \setminus \{A_{t-2}A_{t-1}, A_{t-1}A_t, \cdots, A_{t-1}A_{t+m}\} = E_0^*,$$
且
$$|V_0^*| + |E_0^*| = k - (m+2).$$
而按刚才的方式添加那些点和边，确实得到 V^*, E^*（$A_t \sim A_{t+m}$ 不与 V_0^* 中任一点相邻，$A_{t-1}A_t$ 不与 E_0^* 中任一边相邻）．

于是 $|V^*| + |E^*| = |V_0^*| + m + 1 + |E^*| + 1 = k - (m+2) + m + 2 = k$．证毕．

评注 这道题归纳的地方十分有意思，不是通常认为的、最靠边的边或点——这种想法难以奏效，而且也不能只针对一个点或一条边，而是类似于手术治癌的"局部切除"．

118. 纸 牌 游 戏

14 个人外出旅游时打算玩四人纸牌游戏，约定已合作过的不再一起玩，一开始每个人都发现（旅游前）已经与 5 个人合作

118. 纸牌游戏

过,玩了 3 局后,求证:此时可添加一人(与 14 人中的任一个从未合作过),与 14 人中的 3 个人再玩一局.

分析 问题即 14 个点 $V_1, V_2, \cdots, V_{14}$,未合作过的连一条边,一开始每点的度是 8,如有 4 点两两连边(K_4),就去掉这 6 条边,称作一次操作,这样做了 3 次操作,一共去掉 18 条边,求证此时还必有三角形 K_3.

证明 反证法.假定不产生 K_3.设 3 次操作后的图为 G,G 有 $56-18=38$ 条边.

按上述操作过程,G 中每点的度只能是 8、5、2 中选择一个.易知任意两个 8 度点是不可相连的,否则不产生 K_3,至少得有 $7+7+2=16>14$ 个点,矛盾,因此 3 局后 8 度点不可能有 5 个(否则从它们出发的边数 $\geq 8 \times 5 = 40 > 38$).

假定 G 中 V_1 是 8 度点(这总是有的,因为 3 局最多破坏 12 个原 8 度点),与 $V_2, V_3, \cdots, V_9$ 相连,于是由假设,其余 8 度点都在 $V_{10}, V_{11}, \cdots, V_{14}$ 中.$V_2, V_3, \cdots, V_9$ 之间无边.

今去掉 V_1 及与之相关的边,于是由 $V_2, V_3, \cdots, V_{14}$ 构成的图 G' 有 $38-8=30$ 条边,此时设 G' 的 $V_2, V_3, \cdots, V_9$ 中 4 度点和 1 度点各有 a、b 个,于是有 $a+b=8, 4a+b=s \leq 30$,故 $3 \mid s-8$.又易知若 $V_{10}, V_{11}, \cdots, V_{14}$ 之间有 7 条边,则会产生 K_3,于是 $s \geq 30-6=24$,$s=29$ 或 26.$(a,b)=(7,1),(6,2)$,即 G' 的 $V_2, V_3, \cdots, V_9$ 中 4 度点至少有 6 个,而且 $V_2, V_3, \cdots, V_9$ 指向 $V_{10}, V_{11}, \cdots, V_{14}$ 的边数为 29 或 26,这意味着 $V_{10}, V_{11}, \cdots, V_{14}$ 之间必有边(1 条或 4 条).

如果 G' 的 $V_2, V_3, \cdots, V_9$ 中的 6 个 4 度点指向 $V_{10}, V_{11}, \cdots, V_{14}$ 的点集相同,比如都指向 $V_{10}, V_{11}, V_{12}, V_{13}$,则 $V_{10}, V_{11}, V_{12}, V_{13}$ 的度都不小于 6,于是它们都是 8 度点,加上 V_1,

得 G 中 8 度点有 5 个,矛盾. 于是必有两个指向不同,不妨设 V_2 连接 $V_{10},V_{11},V_{12},V_{13}$,而 V_3 连接 $V_{11},V_{12},V_{13},V_{14}$,于是 $V_{10},V_{11},\cdots,V_{14}$ 之间至多能连的边就是 $V_{10}V_{14}$ 了,即唯一要讨论的解 $(a,b)=(7,1)$,于是 $V_{10},V_{11},\cdots,V_{14}$ 之间正好只连一条边 $V_{10}V_{14}$,而 $V_i(4\leqslant i\leqslant 9)$ 中的 5 个 4 度点的选择只能是连接 V_{11},V_{12},V_{13},且连接 V_{10},V_{14} 任选其一,但这样一来,V_{11},V_{12},V_{13} 全成了 8 度点,于是与 $V_2,V_3,\cdots,V_9$ 都相连,这样一来,G' 中 $V_2,V_3,\cdots,V_9$ 全都变成 4 度点,与 $(a,b)=(7,1)$ 矛盾. 命题得证.

评注 图论问题,往往是极端少量的知识与极端仔细分析的结合(这一点它比数论更胜一筹). 图论是一个非常考验人的智慧与细心的数学分支.

119. 心灵感应纸牌魔术

有 A 和 B 两个魔术师表演魔术. 在一副去掉了大小怪的扑克牌中,让观众抽出任意 5 张牌,交给魔术师 A,A 看过牌后,从中选取一张,将它背面朝上放在一边,之后把手中剩下的 4 张牌正面向上摊开摆放于桌上,之后退场. 然后让魔术师 B 上场,B 没有看到之前的任何情况,A、B 两人没有任何言语或肢体交流,牌上也没有任何记号. B 仅凭看桌上 A 留下的 4 张牌,即能报出 A 放在一边的那张牌是哪一张(花色数字均能说对). 请问 A 和 B 具体是如何做到的?

证明 这个魔术实际上是在 52 张牌(不包括大小怪)里任

119. 心灵感应纸牌魔术

取 5 张牌,用其中 4 张的排列组合表示第 5 张的问题. A、B 间虽无心灵感应,但他们之间存在一系列"约定"或"法则",这是观众所不知道的,从而产生他们似乎有一种超越时空的默契的错觉.

首先借用台湾扑克和桥牌里的规则,约定:黑桃＞红桃＞方块＞草花,而且可以定义"循环打败",只要再添加"草花＞黑桃",于是三种花色之间就存在循环打败.如图 119.1 所示.

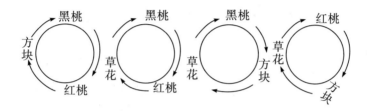

图 119.1

同时设拿掉一张牌后,剩下的四张牌 $a<b<c<d$(先比较花色大小,同一花色比较数字大小,于是任何两张牌都可比较大小),那么可以制定四张牌排列组合对应 0~23 的公式:

a 左边比 a 大的牌的数量 $\times 6 + b$ 左边比 b 大的牌数 $\times 2 + c$ 左边比 c 大的牌数 $\times 1$,即

(a,b,c,d)对应 0, (a,b,d,c)对应 1, (a,c,b,d)对应 2,
(a,d,b,c)对应 3, (a,c,d,b)对应 4, (a,d,c,b)对应 5,
(b,a,c,d)对应 6, (b,a,d,c)对应 7, (c,a,b,d)对应 8,
(d,a,b,c)对应 9, (c,a,d,b)对应 10, (d,a,c,b)对应 11,
(b,c,a,d)对应 12, (b,d,a,c)对应 13, (c,b,a,d)对应 14,
(d,b,a,c)对应 15, (c,d,a,b)对应 16, (d,c,a,b)对应 17,
(b,c,d,a)对应 18, (b,d,c,a)对应 19, (c,b,d,a)对应 20,
(d,b,c,a)对应 21, (c,d,b,a)对应 22, (d,c,b,a)对应 23.

第一步,利用 4 张牌的信息缩小花色的范围,并尽可能减少数字的范围.

5 张牌的花色组合只可能是如下 6 种:一种花色(5),两种花色(2,3 或 1,4),三种花色(1,1,3 或 1,2,2),四种花色(1,1,1,2).

一种花色时非常容易处理,拿掉 1 张后还是一种花色,于是约定 A 每次都拿掉数字最小的那张,则拿掉的那张牌最多只有 9 种可能.

两张花色中的(2,3)情况也容易处理,A 总是使拿掉 1 张后剩下的 4 张成为(2,2)的情况,约定每次拿掉 3 张中数字最小的,则拿掉的那张牌最多有 11+11=22 种可能.

遇到(1,4)和(1,1,3)这两种情况,A 都拿成(1,3).并规定(1,1,3)时,A 拿掉两种少数牌里花色被打败的那张(约定除去多数牌的花色之外,剩下 3 种花色循环打败),则 B 一看到(1,3)组合,便知拿掉的那张要么是多数牌的花色,要么是另外三种花色里被桌上另一个一牌花色打败的那个花色,所以(1,3)组合最多有 10+13=23 种可能.

(1,2,2)和(1,1,1,2)A 都拿成(1,1,2).其中(1,2,2)比较简单,拿掉的是这 3 种花色中的两个 2 里被循环打败的那个,这时花色确定,数字最多有 12 种可能.

(1,1,1,2)就有点复杂,在(1,1,1,2)的情况下,三个 1 的数字组合只可能是 aaa,abc,aab.

(1) 约定情况为 aaa 和 abc 的时候,A 都拿掉三张里面花色最大的那张(注意,这时不循环打败,所以,当有 2 张牌的那种花色是黑桃时,拿掉的必为红桃,2 张牌的那种花色只要不是黑桃,则拿掉的牌花色必为黑桃),这时如果是 aa 组合,那么拿掉的牌的数字和花色都瞬间确定了,即只有 1 种可能;如果是 ab 组合,那么拿掉的牌花色确定,数字必定不是 a 和 b,这时有 11 种可能,总之,这一小分类下,即使是最坏的情况,总共也只有 11 种可能性.

(2) 遇到 aab 的时候,约定 A 拿掉 3 个里面花色最小的那个(即要么是方块,要么是草花),这时如果看到 aa,则有 12 种可能性,如果看到 ab,则非 a 即 b,只有 2 种可能性,这一小分类下最坏情况有 12 种可能性.

综合(1)、(2),(1,1,1,2)的情况下,最多只有 12 种可能.

所以拿掉一张牌后,牌面为(1,1,2)的情况下,被拿掉的牌最多有 $12+12=24$ 种可能.

第二步,用最上面的 24 种对应关系来排列 4 张牌,进一步准确定位花色和数字.

比如(5)、(1,4)、(1,2,2)、(2,3)的一种(拿掉花色小的)排在 0~11;(2,3)的一种(拿掉花色大的)、(1,1,3)、(1,1,1,2)排在 12~23,那么,当 B 看到 4 张牌的排列之后,就可以立即推断还原,不仅确定了被翻牌的花色,按除以 12 的余数可迅速对应到具体数字.注意只有(1,1,3)的组合出现了 13 个数字,于是在这里打个"补丁",借用(1,4)组合下不会出现的排列数(如 11)来表示(1,1,3)情况下的第 13 种情况即可.

评注 其实上述的方法看上去更像是对此题有解的证明(作为数学题,我们的任务已经完成了),而实践中如果真要表演这样的魔术,为避免出错,还是要好好训练一番的,否则时间过长,尤其是一旦出了差错,观众就不好糊弄了.这个魔术传说出自麻省理工学院数学系的一位博士,这位数学博士发明了这个数字游戏后,在美国流传开来,成为 20 世纪 80 年代美国十分流行的一个纸牌心灵感应魔术.注意解法不唯一,此处的解法和参考出处(http://songshuhui.net/archives/37257)是赵晔小姐告诉作者的.

120. 方格网上的运动

设 $a_1, a_2, \cdots, a_n$ 是 $1, 2, \cdots, n$ 的一个排列,对某个 $k, 1 \leqslant k \leqslant n$,若 $a_k = c < k$,则将 $a_1, a_2, \cdots, a_n$ 变为 $a_1, a_2, \cdots, a_{c-1}, c, a_c, \cdots, a_{k-1}, a_{k+1}, \cdots, a_n$;若 $a_k = c > k$,则将 $a_1, a_2, \cdots, a_n$ 变为 $a_1, a_2, \cdots, a_{k-1}, a_{k+1}, \cdots, a_c, c, a_{c+1}, \cdots, a_n$,证明:经过有限次(随机的)上述变换后一定会得到 $1, 2, \cdots, n$.

证明 考虑一个方格网,它的整点 (i, j) 满足 $1 \leqslant i, j \leqslant n$,由 n 条水平线和 n 条竖直线组成,其中有 n 个动点 $A_1, A_2, \cdots, A_n$,A_i 的纵坐标是 $i(1 \leqslant i \leqslant n)$,每个动点都只能做水平运动,从一个整点到另一个整点,但始终不能跳出方格网,任何两点始终既不同行、也不同列.从左向右第 i 条竖直线上点的纵坐标就是 $a_i(1 \leqslant i \leqslant n)$,$a_1, a_2, \cdots, a_n$ 是 $1, 2, \cdots, n$ 的一个排列.

每次操作是这样的:随意选择一个不在对角线 $y = x$ 上的点,让它做"主动"的水平运动,移到 $y = x$ 上,它所经过的所有竖直线上的点各朝着与它反方向"被动"运动一格.如图 120.1 所示.

120. 方格网上的运动

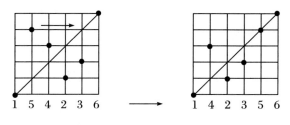

图 120.1

于是,问题就是要证明:经过若干次这种操作之后,所有的 $A_i(1 \leqslant i \leqslant n)$ 都落到了 $y = x$ 上,从而操作结束.

定义某个点 (x, y) 在"上半区""临界线""下半区",当且仅当分别满足 $x < y, x = y, x > y$. 此外,定义每个点 (x, y) 的"水平距离"为 $|x - y|$.

现引进一个重要概念:$S = $ 所有点 $A_i(1 \leqslant i \leqslant n)$ 的水平距离之和. 显然,我们如果能证明 S 最终等于 0,那么结论就证明了.

容易知道,每次操作 S 不会增加;若一次操作后 S 严格减小,当且仅当有"被动"点与"主动"点在操作之前处于异区,或者说有"被动"点靠近临界线 $y = x$.

用反证法. 由于 S 总取自然数值,因此若永远不会降到 0,则它必定会停在一个正整数上,不再下降. 这个时候,任何一个"主动"点在要操作时,都不会遇到"被动"点在异区;或者说,任何一个"被动"点再不能靠近临界线 $y = x$.

现在考虑 A_1,若是它"主动",跳到了 $(1, 1)$,则此时在最左边的竖直线上的"被动"点(在上半区)靠近临界线 $y = x$ 了,S 减小,矛盾. 如果 A_1 始终不"主动"("被动"或不动),那么它不能向左动了,只能向右或不动,于是迟早"死亡".

再看 A_2(注意此时 A_1 已"死亡"). 如果 A_2 在下半区, 也不能"主动", 如果它"主动", 因为从左至右第 2 条竖直线上的点必在上半区(如果在下半区, 只能是 A_1, 但 A_1 已"死亡"), 这样 S 又要减小. 于是 A_2 只有两种结局: 在下半区迟早"死亡", 或者始终在上半区或临界线 $y=x$ 上.

接下来看 A_3, 同理可以证明 A_3 只有两种结局, 要么在下半区迟早"死亡", 要么始终在上半区或临界线 $y=x$ 上.

……

最终我们得到: $A_1,A_2,\cdots,A_n$ 被分成两类, 一类在下半区都进入了"死亡"状态(包括 A_1), 也就是不再动, 而其余一些点则全部在上半区或临界线 $y=x$ 上.

现在我们来看那些在上半区或临界线 $y=x$ 上的点. A_n 若"主动", 那么最右竖直线上的点要"被动", 但它在下半区, 早已"死亡", 所以 A_n 永不"主动", 易知它也迟早"死亡".

再看 A_{n-1}, 若它在临界线 $y=x$ 上, 则已"死亡"(因为显然已无其他点使其"被动"), 所以若是在上半区"主动", 那么就"死亡"了; 若 A_{n-1} 在上半区, 只能"被动"或不动, 这样它也迟早"死亡"; 若它在下半区, 则早已"死亡".

接下来看 A_{n-2}, 若它在下半区或临界线 $y=x$ 上, 那已"死亡"; 若在上半区, 同理它不能"主动", 所以 A_{n-2} 只能"被动"或不动, 这样它也迟早"死亡".

……

照此推理下去, 所有的点迟早都会"死亡". 但如果它们不都在 $y=x$ 上的话, 操作还是可以继续进行下去, 矛盾!

评注 此题较为困难, 因为操作是任意的. 不过, 此题的解法应该是不唯一的.

后　　记

　　对数学的深刻欣赏确实需要一个理解,这样的理解仅可能来自于知晓大量的数学结构,并且能够读懂证明.

　　　　　　　　　　　　　　　　——罗伯特·冈宁

　　本书书名中的"智巧",其实就是技巧,之所以用"智巧",一是因为"技巧"一词用得甚多,有落俗套之嫌;其次,亨斯贝尔格有一本享有盛名的书《数学中的智巧》,是"美国新数学丛书"之一.该套丛书是二十多年前引进中国内地的(北京大学出版社),未全部翻译出版.(在市场上早已无踪迹了,只能到旧书网上购买.)这套丛书是"美国新数学运动"的一个小小的产物而已.这个运动因为面向精英教育而备受诟病,最后没有成功.但是,历史的选择并不那么简单.在英国著名数学家哈代看来,数学中的精彩思维与艺术品无异,这是他为纯粹数学辩护的主要依据.风光一时的新数学运动偃旗息鼓,而新数学丛书却不乏数学粉丝的追捧.本书作者也是其中之一,于是就斗胆效仿起亨斯贝尔格的书名了(尽管那是译名).

　　凡深入搞过数学竞赛的人,对什么印象最深呢?那一定是各种各样的技巧——辅助线、构造、抽屉原理(平均原理或分类)、染色(分类)、取模(分类)、不等式的放缩、对应、递推法、各种各样的数学归纳法技术、无穷递降、整体或局部观、极端观点、运动观点、算两次……这些技巧是如此耀眼,如孙悟空的法术令人眼花缭乱（甚至比悟空的本事还多哩）般地散落在奥数的几大分支中——经典唯美的几何、奇幻莫测的数论、错综复杂的不等式以及诡异至极的组合等.有人批评技巧，说重要的是思想，我并不完全反对这种观点，过度强调技巧确是不必；不过，技巧与思想并不矛盾，也并非毫无交集，适度地进行技巧训练，可以更好地理解问题的实质和思想；其次，作为数学人智慧的结晶，这些技巧中的绝大多数在高等数学乃至当代数学研究中仍然发挥着重要作用.某些伪专家自以为很有科学精神和思想，而那些仅仅有知识和技巧的人无非只是工匠而已.他们连起码的充分必要条件也不懂得：好像自己越是没有知识和技巧，就越是有思想和精神.真是十分搞笑！直到今天，作者在工作中还时不时地遭遇这类人.这叫"爱因斯坦综合征".我也差点迷进去，不过现在觉得这是不对的.若是一切以爱因斯坦为标准，那么很多事大家都别做了.科学思想是少数大师才拥有的，当然大师的成功也极度依赖机遇和条件，所以千万不要滥用这个词.唉，怎么办呢？反正现在很多人是越来越不懂得谦虚了.(世界上有几门学科就被不少人予以极端的评价，比如数学、哲学和文艺，赞的人赞到天上，贬的人贬到地下.)

回到奥数.其实，几乎所有褒思想、贬技巧的人，都没把问题说到点子上.试问那些搞教育的人批评奥数，他们自己懂得多少呢？作者以为，学奥数有四大"境界"：最低是会做；其次是做得又快又简洁；然后是会举一反三，自己进一步思索；最高是猜透了命题人的心思，一看便知这题考的是什么.如此说来，这最高境界看来也不算了不得，但其实也挺难.如果说我们的科研需要思想的话，无非是去猜测"上帝"的思想，这是其他人未曾涉足的疆域,当然更不简单.命题人要做的,不是题目出得越难、越刁钻就越好,而是问题要有启发性,要"自然",这种问题很会引人进一步思考,养成今后做科研的习惯.相反,过于"人为"的问题,可能就会引导学生越想越偏.所以华罗庚说过,命题比解题更难.不过,奥数的终极目的,还是要激起学生对数学的兴趣;至于未来是否走上数学研究的道路,从猜测命题人的心思,达到猜测"上帝"的精神,则另当别论.

还有一个非常错误的观点是,很多人以为奥数的技巧必须天资很高甚至是天才才能掌握.记得以前有记者就问过华罗庚,大意是自己怎么老是对数学没有兴趣也学不好,华先生的回答是,不是你不行,而是你老师不行.因为是采访,这个回答难免过于简洁,不过十分耐人寻味,说穿了就是老师没把你的兴趣给激发出来,没让你学会正确的方法.我觉得自己就是一个对奥数很有兴趣的人,这与四五位儿时数学老师的影响有关.兴趣应该是后天的.培养对数学的兴趣,还是要从做些好题入手.以作者数十年的学习经历来看,奥数确实有难度,但主要却不依赖于先天,兴趣和努力是重要的.而多数学习者只是被动地凑热闹,他们不是笨,而是没感觉.少数想学好的人群中,相当一部分人确实数学天赋稍有欠缺,至少是从小底子没打好(华罗庚就是这个意思),路子不对,信心不足;还有一部分人确实有天赋,但不够努力,达不到顶级水准;只有极少数人天赋高,有兴趣又努力,终于修成了正果.

总之,只要不是先天弱智,任何奥数技巧都是可以通过后天努力习得的,前提是必须培养一些兴趣,做些比较好的题,愿意花费时间努力,并掌握正确的学习方法.天赋不是最高、但极端努力最终进入国家队拿 IMO 金牌的例子也不鲜见；在以后研究数学的日子里，他们完全可能获得比其他人更高的成就. 在 IMO 赛场上，很多国家的选手都是 0 分或区区几分，难道他们天生就是笨蛋？当然不是，他们的心态实在太好，估计也不怎么训练，纯粹就是来玩的. 这正说明后天兴趣和努力的重要性. 奥数就是思维领域的竞技体育，体育比赛上金牌、银牌、铜牌之所以看上去相差很多，那是人们设置出来的，为的是增加比赛的精彩激烈程度. 其实金、银、铜选手的水准相差无几. 即便是数十年才出一个的博尔特、卡斯帕罗夫，要是连续一两年不训练，也难保不被原来的老二、老三超越；普通人当然是再练也超不过他们的. 卡斯帕罗夫能战胜对手很多次，也未必表明他比对手"强得多"，很可能只比对手强一点点而已；博尔特的速度有一般年轻人的十倍吗？事实上两倍都不到. 他们之所以光彩照人，那是竞技体育设置出来的，用"冠军""金牌""棋王""巨额奖金"等刻意拉开他们与其他选手的差距. 奥赛的一等奖或金牌也是如此. 在同等天赋下，看的就是努力；但最主要的，是通过培养兴趣，通过自身努力取得进步，充实自己的精神生活——从这个角度讲，输赢就显得意义不大了，无论是做奥数还是搞体育抑或是研究科学，其本身若是被看作目的，也就无法使人生领悟到更高的意义.

由于作者的精力所限，不能做到每题都最棒，只是力求避免人为性太强的题目，力求部分结论经典又非老生常谈. 作者感到比较满意的是，书中毕竟还是有一些原创题；或者虽是陈题却包含了自己的想法在内. 对此，细心的奥数发烧友可以看出这一点.

后 记

　　写这本书耗费了作者不少心血,其目的主要是出自一种理想主义——这是我们 70 后读书时被大量灌输的东西. 从小我就特别喜欢读科学家的故事,爱因斯坦一直是我的精神偶像. 按照心理学家马斯洛的观点,人的一生有五个层次的需求——生存,安全,爱,尊重与自我实现. 爱因斯坦曾一度生存堪忧(失业)但后来不缺钱,安全曾短期遭到纳粹威胁然终于在美国安度下半生,从小家庭幸福,也曾离过婚但终究不缺女人缘,最终他受到全世界的尊敬并且实现了自我的终极价值. 难怪他的一生被誉为"一路投奔奇迹". 我认识一位德高望重的数学家,是五个科学院的院士,他应该达到了马斯洛所说的第四个层次. 而我本人直到今天也差不多刚好够得上爱因斯坦的一半,而我达到的一半是无数人也拥有的,而另一半就可能是"虽不能至,心向往之"了. 无论如何,通过一个成功的爱因斯坦(他不成功我们就不知道他是谁了),我看到了他的努力和信念,所以即便在今天不得不面对现实,理想主义也不会彻底消灭.

　　有时我会想到地球上最奇特的动物之一——蝉. 它在地下蛰伏十余年,但当它破土而出、看到世界的时候,只有短短几个月的生命了——这听上去类似于海伦·凯勒的名著《假如给我三天光明》——似乎给人以哀伤的感觉,但更多的,却是一种启示、一种感动.

作　者

2014 年 12 月